チューリングの計算理論入門

チューリング・マシンからコンピュータへ

高岡詠子　著

ブルーバックス

装幀／芦澤泰偉・児崎雅淑
カバー写真／ Bridgeman/PPS
もくじ・章扉デザイン／中山康子
本文図版／朝日メディアインターナショナル

# まえがき

　この本は、毎日のように私たちが使うコンピュータの原理である「チューリングの計算理論」を紹介します。

　現在のコンピュータはいろいろなことができます。文書作成はもちろん、帳簿計算や名簿の管理をするだけではなく、絵も描け、写真や動画を編集することもできます。インターネットでメールも送れますしWebブラウザを使ってオンラインショッピングや銀行振り込みもできます。1台のコンピュータをいろいろな用途に使うことができる、これをコンピュータの万能性と言いますが、この「コンピュータの万能性」を保証する理論がチューリングの計算理論です。

　コンピュータはハードウェアだけあっても、ソフトウェアがなければ動きません。今では当たり前のような話かもしれませんが、歴史をたどってみれば、17世紀に発明された計算する機械は歯車で動いていて、特定の計算をすることしかできませんでした。つまり、現在のようにソフトウェアを入れ替えていろいろな用途に使用することはできませんでした。違う計算をするためには、歯車自身の構成を変えなければならなかったわけです。

　チューリングは、今で言うソフトウェアという概念を考

えだしました。この本で紹介する、チューリングの『計算可能数とその決定問題への応用』が出版された1930年代に、ソフトウェアを入れ替えて、1台の機械にさまざまな計算を行わせるという考え方はとても斬新だったのです。計算機科学の分野におけるノーベル賞をチューリング賞と言いますが、それだけすばらしい功績であったことが分かります。

この本の主題はチューリングの計算理論なのですが、それがどのように現在のコンピュータにつながるのか、その道筋が分かるように本書を書きました。その大筋をここで書いておきます。

チューリングは、どんな計算でもアルゴリズムさえ書くことができれば計算可能なことを、チューリング・マシンという計算モデルを使って理論的（数学的）に示しました。しかし、具体的にどのような方法でアルゴリズムを書くかについては、何も残しませんでした。もちろん、物理的機械としてチューリング・マシンを作るなど、まだ非現実的なことでした。そのような中、シャノンは論理演算の理論であるブール代数を使えば、あらゆるアルゴリズムを「回路」という物理的な手段で表現できるというアイディアを出しました。その「回路」を電子回路で実現したのが、現在のコンピュータなのです。

それでは、チューリングの計算理論の世界への扉を開きましょう。

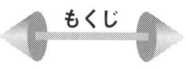

まえがき 3

## 第1章 人間にとっての計算 —— 9

計算は人間の営み 10／東京タワーは1つで十分（数の概念）10／数をまとめる 12／ゼロの概念 13／足し算 15／引き算 17／掛け算と割り算 18／おつりの計算は足し算でする？ 引き算でする？ 19／おつりの計算を行う手順 21／人間にとっての計算とは 23／人間が行う判断や予測 26

## 第2章 機械に計算をさせようという試み —— 29

コンピュータにとっての計算 30／コンピュータは考えるのだろうか？ 32／計算の手順を表したもの——アルゴリズム 33／良いアルゴリズムと悪いアルゴリズム 35／全部の計算に言えること 37／コンピュータの計算手順の構造 38／アナログ計算機とディジタル計算機 39／数表 41／歯車で計算をする 43／蒸気で動かす計算機 47／多機能計算機 51／ライプニッツはチューリングを予言した 52／2進法 53／19世紀後半の数学の発展 54

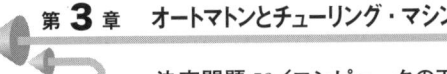

## 第 3 章　オートマトンとチューリング・マシン —— 57

決定問題 *58* ／コンピュータの万能性を保証するチューリング・マシン *60*

### 3-1　オートマトン　*60*

ハンバーガー、いかがですか？（状態）*60* ／ゲームの持ち点 *62* ／ゲーム自体がオートマトン *63* ／じゃんけん *64* ／オートマトンの機械 *66* ／オートマトンと計算の関係 *69*

### 3-2　チューリングの計算理論　*71*

チューリング登場 *72* ／チューリング・マシンの構造 *73* ／外からの刺激（テープとヘッド）*75* ／ヘッドの動きとテープの読み書きのルール *76* ／状態が分からないと困る *78* ／簡単なチューリング・マシン *79* ／3＋2をやってみよう *83* ／0と1を交互に表示するチューリング・マシン *85* ／掛け算をするチューリング・マシン *87* ／チューリング・マシンの計算はなぜこんなに大変なのか？*92* ／チューリング・マシンで記述できるものがアルゴリズム！*93* ／チューリング・マシンで記述できるものは「計算できる」*94* ／無限なのに有限？？？*94* ／3分の1を計算するアルゴリズム *95* ／チューリング・マシンはいくつあるのか？*97* ／アルゴリズムを整数で表すとは？*98* ／未来のソフトウェアも数え上げられる *99* ／できるとできないをなぜ区別する？*100* ／チューリング・マシンはソフトウェア？*101* ／コンピュータはチューリング・マシンか？*103*

## 第 4 章　決定問題　——— 105

できる、できない *106* ／YesかNoか? *106* ／止まらないチューリング・マシンがある? *107* ／嘘つきのパラドックス *109* ／止まらないことは分からない *110* ／最終目的にたどり着いた…… *114*

## 第 5 章　万能チューリング・マシン　——— 117

万能である＝物真似ができる *118* ／万能チューリング・マシンとは *120* ／物真似チューリング・マシンの仕組み *121* ／物真似の種明かし *123* ／いざ代理実行! *126* ／コンピュータはチューリング・マシンなのか? *128* ／チューリング・マシンを日本語で書いてみよう *129* ／ヘッドの場所と動きを表そう *130* ／条件分岐 *132* ／プログラムを奇麗に書くために *134* ／決まった処理をまとめる *134* ／オプションもどうぞ。「いんすう」と呼ばないで! *137* ／万能チューリング・マシン実現のためには *138* ／全ての計算モデルは同じ! *141*

## 第 6 章　計算量の話　——— 145

検索する時の手順 *146* ／1＋2＝3の計算 *148* ／プログラムの定義 *148* ／計算できるかできないか判断する方法 *149* ／計算量 *150* ／サンタクロースの汚れた靴下 *151* ／同じ数があるかを判定する問題 *153* ／実行に必要な時間の計算 *154* ／全ての数が異なる場合 *156* ／時間計算量 *158* ／実行にかかる時間は何に影響されるの? *158* ／時間計算量の表し方 *159* ／

オーダー(注文ですか? いいえ、違います)160／明日の予報は明日には分からない?161／倍になっても倍になるとは限らない163／良いアルゴリズムのオーダー163／悪いアルゴリズムのオーダー165／オーダーを計算しよう166／実行に必要な記憶領域168／解ける問題のグループ分け169／クラスP170／どうしようもないかどうか?171／見当をつけてから、チェックする174／クラスNP175／非決定性アルゴリズムの特徴176／PとNPのおさらい179／PとNPの関係180／P＝NPか?181／素因数分解182／NPであるがゆえに安全である暗号184／NPとPを区別する意味186／NP完全187／最初のNP完全問題188／NP困難189／PやNPの記憶計算量189

## 第7章 コンピュータへの道のり ── 191

チューリングの計算理論の復習(エッセンス)192／論理と計算をつなぐ理論 ── ブール代数192／天才シャノンのひらめき194／ライプニッツの夢とブール代数194／そしてコンピュータが完成した195／コンピュータはなぜ2進法を使うのか?196／4枚のトランプ?(2進法の仕組み)197／2進法の足し算199／論理の演算201／事実を表す命題202／AND(論理積)203／OR(論理和)204／XOR(排他的論理和)205／NOT(否定)207／チューリング・マシンと論理回路207

あとがき 209
付録 212
参考図書 216
さくいん 219

# 第1章
# 人間にとっての計算

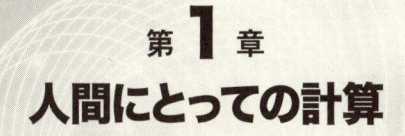

■計算は人間の営み

　みなさんは計算というと何を思い浮かべるでしょうか？ やはりまず思い浮かべるのは1＋1＝2という式でしょうか？　確かにこれも計算の1つです。1＋1＝2という計算は、足し算という演算の1つです。つまり、足す、引く、掛ける、割る、という四則演算と言われる演算の1つです。ある授業で「計算」についてのイメージを聞いてみました。筆算、数字、算盤、数式、関数という答えでした。やはり、計算というと数が関係していると思うのが普通なのでしょう。そうですね。私たちは日常生活の中のいろいろな場面で数を使って計算をしています。数を使った計算は人間の営みです。数を使った計算とは何か考えるために私たちが毎日行っている計算を少し紐解いてみましょう。

■東京タワーは1つで十分（数の概念）

　計算というと、四則演算を思い浮かべる人が多いことは分かりました。「数を使って何かをする」のです。では、「数」というと何を思い浮かべるでしょうか？

　そもそも1とか2ってなんでしょうか？　数という概念はなぜ必要になったのでしょうか？

　そこで、ちょっと考えてみてほしいことがあります。東京タワーが建っている様子を想像してみてください。全く同じ物が並んで2つ建っていたらどうでしょうか？　ちょっと気持ち悪いのではないでしょうか。なぜ気持ち悪いのかよく分かりませんが、1つだけ存在しているときは当たり前のものとして意識し、2つ建ったとすれば、「2つ建

っている！」ということが明確になるからではないでしょうか。ツインビルというのもインパクトがあります。それは1つだけなら数を意識しないからなのです。1つだけなら数の概念はあまり必要ではないのです。

　森林には多くの樹木が立っています。台風が来て何本も倒れてしまった……。でも、何本倒れたかは分からないし、そもそも森林に何本木が立っていたかなんて分かりません。多くの木が倒れたとしか言いようがないですね。数の概念が必要になるのは、他の状況と比較する必要がある場合や、変化があった場合なのです。比較する状況を考えましょう。

　収穫したみかんの数が、隣の畑と比べて多かったか少なかったかが気になります。まあ、でも収穫したみかんの数を丹念に数えるのもあまり現実的ではないので、もう少しはっきりした例を考えましょう。渋谷から三鷹までの交通経路を考えると、渋谷から新宿まで山手線で行ってそこから中央線の特別快速で行くと24分、でもうまく特別快速に乗れずに普通の快速で行くと28分。そして両方とも運賃は290円です。一方、渋谷から井の頭線で吉祥寺まで行ってそこから総武線で三鷹まで行けば時間は25分、運賃は320円。さあ、どの経路を選びますか？

　どの経路を選ぶかはさておいて、そのような場合には比較をする必要があります。時間がかかるとか、運賃がいくら多いとか……。

　数の必要性はそのようにして生まれたのでしょう。どの程度まで必要であるかはその集団の文明の進み方によりま

す。かつては１と２だけが数で、３以上は「たくさん」という例もあったのですから。

■数をまとめる

人間は数をまとめて扱うことで、数え方の効率を上げることを考えました。漢数字を考えれば、一、二、三までは横の棒が数そのものを表しています。簡単ですね。しかし四以降十までは棒の数ではなくなってしまいます。同じようにローマ数字もⅠ、Ⅱ、Ⅲまでは縦棒の数が数そのものを表していますが、Ⅳ以降は考え方が違います。人間は１～３という数に対しては特別な思いがあるのでしょうか。

それはさておき、ローマ数字ですと５を表すⅤを１つのまとまりとして、それより１つ少ない４がⅣ、６、７、８はそれぞれⅤにⅠ、Ⅱ、Ⅲを足したものです。ローマ数字の表記法を表にしてみました。まとまりということで言えば、50がL、100がC、500がD、1000がMというまとまりです。数によってはすっきりしていますが、2013なんて数を表そうとするとMMXIIIとなりますし、MMCDLXIVなんていったら一体いくつなんでしょう？　MMで2000、CDで400、LXで60、Ⅳで４ですから2464ですね。

| 4 | 5 | 6 | 7 | 8 | 9 | 10 | 11 | ~ | 15 | ~ | 20 |
|---|---|---|---|---|---|----|----|---|----|---|----|
| IV | V | VI | VII | VIII | IX | X | XI |   | XV |   | XX |

| 30 | 40 | 50 | 100 | 400 | 500 | 900 | 1000 | 2000 |
|----|----|----|-----|-----|-----|-----|------|------|
| XXX | XL | L | C | CD | D | CM | M | MM |

漢字で表してみると二千四百六十四です。しかし、漢字やローマ数字のような数をまとめる概念だと、桁数が大きくなるとその分表記法が増えます。余談ですが、漢字で多くの桁数を表そうとすると、こんなになってしまいます。

一：$10^0$　十：$10^1$　百：$10^2$　千：$10^3$　万：$10^4$　億：$10^8$
兆：$10^{12}$　京：$10^{16}$　垓（がい）：$10^{20}$　秭（じょ）：$10^{24}$
穣（じょう）：$10^{28}$　溝（こう）：$10^{32}$　澗（かん）：$10^{36}$
正（せい）：$10^{40}$　載（さい）：$10^{44}$　極（ごく）：$10^{48}$　恒河沙（ごうがしゃ）：$10^{52}$　阿僧祇（あそうぎ）：$10^{56}$　那由他（なゆた）：$10^{60}$　不可思議（ふかしぎ）：$10^{64}$　無量大数（むりょうたいすう）：$10^{68}$

これではちょっと計算するのも大変そうです。

### ■ゼロの概念

　ヨーロッパやギリシャ、ローマなどで紀元前から使われていた計算道具は算盤でした。ヨーロッパでゼロ（0）を使うようになったのは16世紀頃と言われています。このころ、アラビア数字という名で呼ばれる数字がアラビア人の手を経てヨーロッパにもたらされましたが、その起源はインドにあると伝えられています。算盤の0は、玉を動かさない状態ですが、0の表記法を知らなくても計算はできました。アラビア数字を使って数を表すと必ず0が必要になりますが、それ以外の表記では0の表記法を知らなくても

数は表せます。

　例えば35060という数をアラビア数字で表せば0が2回出てきますが、漢字で表すと三万五千六十ですから0は必要がありません。ローマ数字も同じですね。

　それに対し、0の概念を使う表記法は「位取り記法」と言われ、必要な文字は10進法では0～9のたったの10文字で済みます。さらに位取り記法では、筆算で計算することができます。インドでは昔から暗算法などが発達しているようですし、数学が得意という人が多いようですが、ゼロのカルチャーの影響かもしれません。

　本書では0と1を数としてというよりは記号として使っています。また、コンピュータが扱う数は0と1の2進法なので0は避けては通れない概念なのです。

　数が0から始まるという考え方は、日本ではあまりお馴染みではないかもしれません。しかし、ヨーロッパと日本やアメリカとでは、建物の階数の数え方が違うのをご存知ですか？　東アジア、北アメリカなどでは、地上と同じ高さの階から1階、2階、3階……と数えていきます。それに対し、ヨーロッパや香港などでは地上と同じ高さの階を0階といいます。0階は、ground floorの頭文字を取ってGと表記されていることもあります。次ページの左の写真を見てください。これは私がヨーロッパに行ったときに撮ってきたエレベータの階数表示の写真で、0階というのがあります。ちなみに地下1階は−1ですね。つまり、日本の1階はヨーロッパでは0階、日本の2階はヨーロッパでは1階となるわけです。右の写真はホテルの案内表示で、

14

第1章　人間にとっての計算

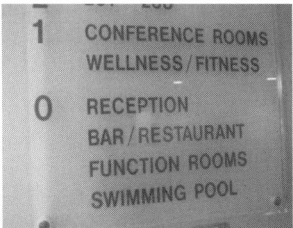

やはり0階というのがあります。

　計算とは関係がありませんが、日本ではエレベータのドアを閉めるボタンがあるのが普通です。それに対して、ヨーロッパには閉めるボタンがないことが多く、行き先の階数ボタンを押せば閉まる場合やひたすら閉まるのを待つ国もあります。話が少しそれましたので戻しましょう。

■足し算

　箱が2つあって、片方にはスペードが3個、もう片方にはハートが2個入っているものとします。これらを合わせると全部でいくつになるでしょう？　これはもちろん足し算なのですが、足し算を知らない人はどうやって合計を出すのかイメージしてみました。

　左の箱に2個のハート、右の箱に3個のスペードが入っています。

15

(1)左の箱から1個取り出し、3個入りの箱に追加する。右の箱は4個となり、左の箱は1個となる。

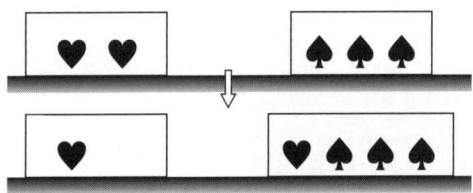

(2)左の箱から1個取り出し、右の箱に追加する。左の箱は空となり、右の箱は5個となる。

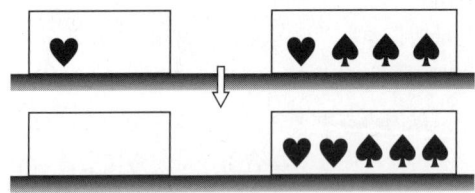

(3)左の箱からはもう取り出せないので終了。右の箱にあるハートとスペードの数5が答え。

　ここで注意して欲しいのは、手順においては、必ず個数が1だけ変化していることです。私たちは数の足し算を当たり前のようにやっていますが、実は1つずつ増えたり減ったりするということが基本なのです。

第1章 人間にとっての計算

■引き算

　引き算は足し算の逆です。6−3をやってみましょう。今度は左の箱にスペードを6個入れておき、右の箱は空にしておきます。

(1)左の箱から1個取り出し、右の空の箱に追加する。左の箱は5個となり、右の箱は1個になる。

(2)左の箱からさらに1個取り出し、右の箱に追加する。左の箱は4個となり、右の箱は（1個より1つ多い）2個になる。

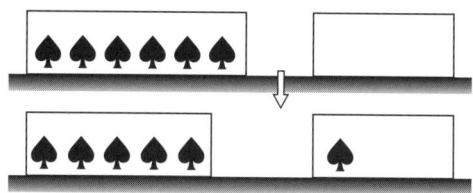

(3)左の箱からさらに1個取り出し、右の箱に追加する。左の箱は3個となり、右の箱は（2個より1つ多い）3個になる。

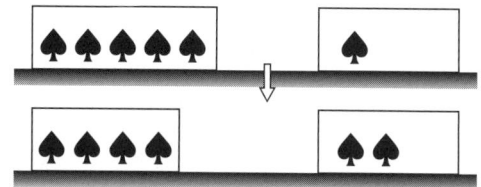

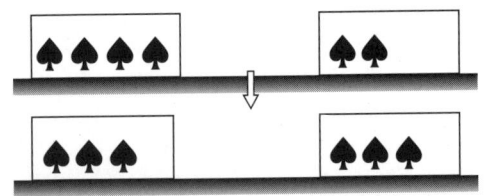

(4)右の箱に「引く数」である3個が入ったので終了。左の箱に入っている数3が答えとなる。

　終了するための条件が、足し算の場合は「最初に足す数が入っていた箱が空になる」であるのに対して、引き算の場合は「最初に空であった箱に引く数が入る」と、逆になっています。

■掛け算と割り算
　掛け算は、足し算や引き算とはまた別の概念が加わります。足し算・引き算の根底にある概念は1つずつ増える、1つずつ減るという概念でした。しかし、あまりにも多い数を数えるには1つずつ数えたのでは能率が良くありません。
　昔、おはじきで遊んだことがありました。たくさんのおはじきを数えるのにどうしたかというと、まず10個ずつグループに分けます。そしてそのグループの数を数えればいいのです。グループの数を数えるときには足し算の概念を使い、1、2、3、4、5とグループが1つずつ増えていき、それぞれのグループは10個のかたまりだから、10、

20、30、40、50と自然に10ずつ増えていくというところが掛け算になっています。数をまとめて考えることと同じですね。

割り算は、掛け算の逆と考えればいいわけですが、ちょっと余分に考えなければならないことが起きます。

あるイベントへの参加者を10人ずつのグループに分けることを考えてみます。32人いたらどうでしょうか？ 10人のグループが3つできますが、2人余ってしまいます。そうです。「余り」という別の概念が生まれます。しかし、余りを考察すると本書の内容とは離れてしまうので、「割り算は掛け算の単なる逆演算ではないので、コンピュータで処理する場合にもちょっと複雑な処理を必要とする」ということだけを、ここで述べておきます。

### ■おつりの計算は足し算でする？ 引き算でする？

最近のスーパーマーケットなどではキャッシュレジスタがおつりの計算を自動で行ってくれるので、3600円の商品を買う時に5000円を出すと、即座に1400円がおつりとして出てきます。この計算を人間がするとしたら、どんなふうに計算しているでしょうか？ えっ……、5000−3600なんだから引き算に決まっているでしょう？ と思うのは日本人ならではですが、まずはこの計算のメカニズムを考えてみましょう。

単純に5000−3600を行う計算のメカニズムは小学校で習う筆算ですが、図1-1のように100の位と1000の位の計算を2段階で行っています。

①左から 10 借りて 10−6
②右に 1 貸したから (5−1)−3

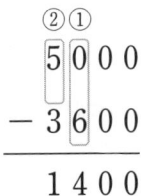

図1-1

このように日本人が当たり前と思うような引き算を使って計算するほかにも、3600から5000まで足し算をしていくというような、日本人にはあまりなじみのない方法があります。海外旅行などをして市場に行くと、よく見られる光景です。小さい貨幣から数え始め、下の位から順に0にしていくという考え方です。3600円から始める場合は1の位と10の位はすでに0ですから、まずは100の位を0にするために700円、800円、900円、1000円と数え、400円を足します。これで4000円、そして最後に1000円を足せば5000円に達します。これらを全部足すと1400円なのでおつりとしてこれを出せばよいことになります。これは足し算をしていることになりますね。引き算で計算する日本の方法と異なっていますね。

ここで大事なことが2つあります。1つ目は、1つの計算を行うにも複数の方法があるということです。この例では2つの方法があることが分かりました。

第1章　人間にとっての計算

■おつりの計算を行う手順

　2つ目は、計算を行う場合には必ず「**手順がある**」ということです。そしてそれぞれの手順が組み合わされて、もっと複雑な手順が行われるということです。おつりの引き算の場合、図1-1で示した①②は0から何かを引く手順を示しています。3456円の買い物の場合には、5000から3456を引くので、計算はもっと複雑になります。1の位が0ですから10の位から10借りてきて10－6、10の位の計算のときは、右に1貸したことに加え自分が0なのでさらに左から10借りてきてから引き算をするわけです。あとはその**繰り返し**になります。

　この「**繰り返し**」という概念は重要な要素です。ここで、どんな手順が繰り返されているのか見てみることにしましょう。

　計算をしようとする1桁を$X-Y$と置き、引き算の手順を言葉にしてみましょう。図1-1の手順①と②より少し複雑になるので、手順の番号をローマ数字にしてみます。

Ⅰ：右に貸した**ならば**
　　$X=0$ならば$X$の値に9を入れる
　　そうでなければ$X$から1を引く
Ⅱ：$X=Y=0$**ならば**手順Ⅳへ
Ⅲ：$X<Y$**ならば**左から10借りる（計算としては$X$の値に10を加える）
Ⅳ：$X-Y$を計算

21

Ⅴ：最後まで計算したならば終わり、そうでなければ次の桁の$X$と$Y$を準備して手順Ⅰへ

この手順を1の位から順番に行っていけばよいのです。

3456円の買い物をして5000円を出した場合のおつりの計算は、最初（1の位）は$X=0$、$Y=6$となります。Ⅰ、Ⅱの**ならば**には当てはまらず、Ⅲの**ならば**に当てはまるので$X=10+0=10$となり、Ⅳで10−6=4の計算が行われます。Ⅴで、$X=0$、$Y=5$を準備して手順Ⅰに戻りましょう。手順Ⅰで右に貸していて$X=0$ですから、$X$を9に変えます。手順Ⅱ、Ⅲの**ならば**には当てはまらないので手順Ⅳで9−5=4の計算が行われます。同じような手順が繰り返されて最後に1544という結果が出ます。

海外のお店の場合も手順があります。まずは小さい貨幣1円で1の位を0にするため7、8、9、10と4回数えます。だから4円。次に10の位を0にするには、1の位から繰り上がって60になっているので、70、80、90、100と4回数える。だから40円。次に100の位を0にするためには、同様に600から、600、700、800、900、1000と5回数えて500円、そして最後に1000円を足せば5000円に達します。これらを全部足すと1544円となります。

ⅠからⅤの手順を順番に行うことで$X-Y$の計算ができることが分かりました。次に、この手順を、図1-1で示した①と②の手順と照らし合わせながら、もう少し詳しく分析してみます。

図で示した①の手順はⅢとⅣの組み合わせになっています。また、②の手順がⅠとⅣの組み合わせになっています。しかし、組み合わせといっても、**順番を入れ替えては**いけません。入れ替えてもうまくいく場合もありますが、入れ替えると計算結果が違う場合があります。これは重要な要素です。

次に、手順Ⅰを見てください。右に貸した**ならば**という仮定の表現があります。手順Ⅱ、Ⅲにもあります。これも重要な要素で、人間は何かを判断するときに「雨が降っている**ならば**傘を持って行く」のように何かの条件にしたがって行動しますが、そのことに相当します。

この節の中で「重要な要素」という言葉が何回使われたでしょうか？ 3回です。そして、ゴチックで太くした言葉も3パターンあります。**繰り返し、順番、ならば、**この3つです。$X-Y$を計算するための全ての手順は「**順次（順番に相当）**」「**分岐（ならばに相当）**」「**反復（繰り返しに相当）**」という3つの基本的な構造を使うことによって行うことができるのです。

■人間にとっての計算とは

人間はおつりの計算を始めとして、毎日、四則演算を基本とした計算を行っています。四則演算の計算方法にもいろいろな方法があります。ここでは紹介しませんが、人間は昔から四則演算を効率よく行うためにいろいろな方法を考えてきています。暗算法などの本もたくさん出ていますので探してみてください。

しかし、ここで考えていただきたいことがあります。それは、**人間のあらゆる作業を「計算」として定義することができる**ということです。あらゆる作業とは、四則演算だけでなく、掃除や料理、通勤や通学といった日常の作業全てです。

　例えば、掃除を考えてみましょう。掃除をするときには全ての部屋を効率よく掃除したいものです。ですから、どの部屋から始めたらよいか考えます。ある部屋から掃除を始めます。時間があればソファや机を動かして掃除機がけするのですが、時計を見たら今日は時間がないのでソファを動かすのはやめて、そのまま次の部屋に移りました……。

　このような作業を人間は毎日行っていますが、これを抽象的に表現してみますと、「ある**状態**＝最初の部屋を掃除している」のとき、外からの刺激によって判断を行い（＝時計を見たら、出かける時刻に間に合いそうもない）、「次の状態＝ソファを動かすのはやめて次の部屋」へ移りました。つまり、「**ある状態の時、外からの刺激によって判断を行い、次の状態へ移る**」ということです。おつりの計算の構造と同じです。つまり、これも計算なのです。

「計算」というとイメージするのは「四則演算」かもしれませんが、私たちが日々行っている行為や作業も、その手順を細かく分解してみると、「計算」と同様の構造をもっていることが分かります。

　それを理解するために、『デジタル大辞泉』（小学館）で「計算」を調べてみました。すると、

第1章　人間にとっての計算

(1)物の数量をはかり数えること。勘定。「——が合う」
(2)加減乗除など、数式に従って処理し数値を引き出すこと。演算。「損失額はざっと——しても1億円」
(3)結果や成り行きをある程度予測し、それを予定の一部に入れて考えること。「多少の失敗は——に入れてある」「——された演技」「——外」

と出てきます。

「計算する」を英語に翻訳すると、count、cash up、calculate、computeなどいろいろに訳すことができます。逆にそれらの単語を今度日本語に翻訳してみると、countは、「数を数える、計算する」です。cash upは「計算する、合計する、現金を締める」などの意味があります。両方ともお金を数えるだとか会計のイメージがあります。『デジタル大辞泉』の(1)に相当します。これは<u>人間にとっての計算</u>に当たります。他の単語も見てみましょう。calculateは数学の世界では「計算する、算出する」という意味があります。これは『デジタル大辞泉』の(2)に相当していて、<u>人間にとっての計算</u>に当たっています。が、calculateにはそれに加え、「判断する、予測する」という意味もあり、これは『デジタル大辞泉』の(3)に相当します。ただの四則演算とは少し異なる考え方です。しかし、「**判断する、予測する**」という行為は人間も毎日のように行っているはずです。そのような例を次に見てみましょう。

25

### ■人間が行う判断や予測

　私たち人間の毎日の生活を考えてみると、朝からたくさんの判断や予測を行っています。通勤、通学時は遅刻しないためにいくつかの判断をします。その例を考えてみましょう。

Ⅰ：電車やバスの遅延がないかどうかチェックする。
　　　遅延がなければ通常通りのコースで通勤する。終了へ
　　　遅延があれば、
Ⅱ：朝ご飯を食べる時間があるかどうかチェックする。
　　　朝ご飯を食べる時間があれば通常通り朝ご飯を食べて通勤する。終了へ
　　　朝ご飯を食べる時間がなければ食べずに通勤する。終了へ

　通勤するにも、いくつかの判断をしていることが分かります。まず手順Ⅰで、電車やバスの遅延がないかどうかチェックして、遅延があった場合には手順Ⅱにおいて朝ご飯を食べる時間があるかないかをチェックし、その結果によって取るべき行動を判断しています。

　ほかにも、朝ご飯を食べるときに、人によっては総カロリーとさまざまな栄養素のバランスを考えながら判断しているかもしれません。1日に摂取すべきカロリーの1/3をしっかりと朝に摂る人もいるかもしれませんし、朝はあまり食べないという判断をする人もいるでしょう。人間は毎

第1章　人間にとっての計算

日の営みの中で、複数の方法のうち、より良い方法を自然に選択しています。
「午後3時から雨が降る」という天気予報を聞き、その日の用事が午前中で終わりそうであれば、折り畳み傘を持っていけばいいかな？　これも1つの判断です。
「最近はお肉ばかり食べているから、たまにはお魚やお豆腐を食べよう」とか「今日はコレステロールが多いような食事だから、赤ワインを飲もう」というのも判断の1つです。その判断が正しいか間違っているかは、関係ありません。

　予測はどうでしょうか？　気象予報士はお天気の予測を毎日しています。気圧の変化や天気図を見ながら次の日の天候を予測しています。株の変動の予測をする人もいます。

　人間は生きているあいだ、毎日のように「判断」や「予測」をしながら行動しています。こういった人間が毎日行う判断や予測は、さきほどの「計算する」を英語に訳したcalculateという単語が持つ意味の1つになっているのです。これはどういうことでしょうか？　人間が毎日行っている**判断とか予測という行動も「計算」と言ってもよい**のです。
「計算高い」などという言葉があるように、人間が行っている計算とは何も四則演算に限らず、何か問題を解決するときにいろいろなことを考えて手順通りに実行していることですから、人間活動の判断や予測といった行為全般を「計算」と呼んでも構わないのです。

27

# 第2章
## 機械に計算をさせようという試み

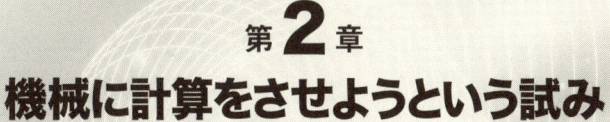

## ■コンピュータにとっての計算

　calculateの意味に含まれている「判断する、予測する」という意味は、人間にとっての計算（四則演算という意味での計算）より少し広い意味にあたります。さらに「計算する」を英訳した単語の1つであるcomputeは、「（コンピュータで）計算する、（数値計算で〜を）計算する、算出する」という意味があります。わざわざ括弧書きで「（コンピュータで）計算する」と書いてあるのはどういうことでしょうか？

　computerというのはラテン語のcomputareという言葉から来ており、これは計算とか、2つの数の足し算という意味を持っており、語源としてはcom（共に）＋putare（考える）という2つの語から成り立っています。computeという言葉はまさにコンピュータにとっての計算を意味する言葉ですが、その意味には四則演算のほかに、「考える」ということが含まれていて、『デジタル大辞泉』の(1)〜(3)の全てを含んでいます。つまり、コンピュータにとっての「計算」とは、一般的な意味の計算である1＋1＝2を彷彿とさせる算術（英語で算術はarithmeticになりますが）のイメージが1つ、一方で、calculateの中の「判断する」「予測する」という意味も含むのです。コンピュータの「判断」「予測」はコンピュータにとっての「計算」を意味しているのです。

　判断や予測は人間が毎日のように行う行為ですが、それをまねするかのようにコンピュータも判断し、予測することができます。しかし、人間とコンピュータの大きな違い

は、<u>コンピュータは自分で考えることはできない</u>ということです。calculateやcomputeの範囲の判断や予測（＝つまりこれが計算）はできるということです。コンピュータが判断や予測をするには、必ず、過去の履歴やある条件が入力値として外から与えられて、それをもとに「決められたある手順にしたがって」黙々と計算を行うのです。「データが入力されて、ある計算を行った結果が出力される」というのがコンピュータの計算なのです。大切なことは、データを外から与えるのも、計算の手順を与えるのも人間であるということです。

ではコンピュータにある手順を黙々とやってもらう1つの例を見てみましょう。節電が当たり前のように身に付いている今のエアコンは、自動温度制御装置が付いています。例えば、25℃を超えると自動的に暖房が切れるような装置を考えましょう。こういった自動制御装置には、中に小さいコンピュータが組み込まれていると考えてください。そのコンピュータは温度センサーとつながっていて、温度センサーからの値が25℃を超えたら暖房を切るという命令を実行するのです。手順書にしてみると

Ⅰ：センサーからの値を読み取り、読み取った値が25℃を超えているかチェックする。
　　超えていれば暖房を切る。終了へ
　　超えていなければⅠへ戻る

という単純な手順です。実際はセンサーから値を読み取る

31

間隔を1分にするのか5分にするのかなど、もう少し細かい処理が入りますが、コンピュータは基本的にはこのような手順を黙々と行っています。

■コンピュータは考えるのだろうか？
　コンピュータは自ら考えるのでしょうか？　答えはNOです。エアコンの例のようにコンピュータは、何らかの判断をしなければならない状況では、外から与えられるデータを取り入れて、決められた手順に従って何らかの行動を起こすことはできます。これを「考える」と言ってよいのかどうかは別の議論として、私たち人間のように、「なんとなく」「とりあえず」「状況に応じて柔軟に」考えることはしません。

　外から与えられたデータに対して、コンピュータが人間のように何か考えて結果を出すわけでもないし、手順をコンピュータが考えるわけでもありません。あくまでも、与えられるデータと、決められた手順に従って、決められたことを黙々とこなしているに過ぎません。

　人工知能という言葉がありますが、コンピュータが人間と同じように考えているわけではありません。人間の思考を司る神経の中で行われている情報の処理手順をまねするようなコンピュータのプログラムを人間が与えることによって、あたかも「人間の知能活動」を行っているように見えるというわけです。

　コンピュータが推論をするとか学習をするとかいう言葉があります。しかし実際は、コンピュータが人間と同じよ

うに考えて何か予想をしたり、本を読んで勉強したりするわけではないのです。最近、将棋や囲碁のプロ棋士とコンピュータの対戦でコンピュータが勝つということが多くなってきています。人間はコンピュータに負けちゃってだめだな〜ということではありません。「人間の知能を模倣する手順を開発した人間」と「プロ棋士」の対戦ですので、同じ土俵というわけではありませんが、やはり人間同士の対戦なのです。これは勝負というより、現在のコンピュータの性能と、そのコンピュータを使いこなす人間の挑戦といったらよいでしょう。高い山に登るようなものです。登山する挑戦者と山との関係に似ていますね。

　チョモランマ（エベレスト）より高い山というのは存在しませんが、もし存在するとすれば人間はより高い山を求めて挑戦するでしょう。オリンピックの競泳やマラソンなどでも人間はいつでもタイムを縮めようと挑戦しています。限界はないのかと思ってしまいます。同じように、コンピュータの計算能力に限界はないのでしょうか？　実は、コンピュータの計算能力の限界は証明されているのです。コンピュータでの計算を考えるときには必ず最後には「コンピュータの計算可能性」という問題につきあたります。チューリングが挑戦した問題です。この本ではこのことについて、分かりやすく解説していきます。

## ■計算の手順を表したもの——アルゴリズム

　人間とコンピュータの「計算」の違いはなんとなく分かったと思いますが、人間とコンピュータの違いについても

う1つ考えてみます。人間が何か行動を行う際には必ず「手順」があるわけですが、実は人間は「手順」などは意識せずに、なんとなく、とりあえず、柔軟にことを行っていくわけです。

しかし、コンピュータが何か行動を行うということは、人間が「解決したい問題」というのが先にあって、コンピュータはその問題を解決するために必要な手順を1つずつ順番にこなしていくわけです。その手順は人間が与えなければなりません。人間のようになんとなく、とりあえずではだめで、コンピュータにはそのための「指示書」を与えなければなりません。必要な行動を順番に書いたものが必要なのです。そして、その指示書には、

(1) すべきことがもれなく含まれていること
(2) 終着点があること
(3) 指示書があれば誰でも同じようにできること（機械的という意味）

が書いてある必要があります。

このような手順を一般に「**アルゴリズム**」と呼びます。コンピュータが何かを「計算する」手順を表したものです。

そして、第1章で紹介した「おつりの計算」には日本人になじみ深い「引き算による計算」と海外の市場でよく見られる「足し算による計算」があり、どちらにも「手順」がありますから、どちらも「アルゴリズム」です。1つの

問題を解決する手順は1つとは限らない、つまり「アルゴリズム」は複数存在するということです。

複数のアルゴリズムがあった場合、どのアルゴリズムがよいか決めるときには、何を基準に決めますか？　おつりの計算の場合は、その国の習慣、慣れなどもあるので、自分が計算し易い方を選んでよいと思います。でも、比較して「良いアルゴリズム」を選ぶこともできます。

## ■良いアルゴリズムと悪いアルゴリズム
### ——リボンを切るアルゴリズム

アルゴリズムの1つの例を考えてみましょう。

プレゼントに付いているリボン、そのまま捨ててしまうのはもったいない。特にきれいなリボンなど捨てられずにとっておいたものがたまったので、アクセサリーを自分で作りたくなりました。1本のリボンを8等分しようと思います。どうやって切りましょうか？

【アルゴリズム1】
　リボンの長さをメジャーで測って8で割り、その長さを端から測りながらはさみで切っていく。

【アルゴリズム2】
　リボンを2つに折って真ん中をはさみで切る。その2本をそろえてまた2つに折って真ん中を切る。さらに4本をそろえてまた2つに折って真ん中を切る。

アルゴリズムが2つありますが、どちらのアルゴリズムも目的は同じ、1本のリボンを8等分するためのアルゴリズムです。2つのアルゴリズムのどちらがよいでしょうか？

　おつりの計算のようにリボンの場合も自分のやり易さで選んでもかまいませんが、この場合は効率を考えたくなりませんか？　おつりの場合も、実は筆算が頭の中でできれば引き算の方が速いと思いますが、筆算ができればという条件がありますから、一般的にどちらがいいか簡単に議論はできません。しかし、リボンの場合はだいたいの速さを比較できます。

　作業の数を数えてみましょう。アルゴリズム1だと、「リボンの長さを測る」「8で割る」という2つの作業に加え、「8で割った長さを測りながら切る」作業が7つ、合計9つの作業を行います。

　アルゴリズム2は、「2つに折る」「真ん中を切る」という2つの作業が3回なので合計6作業となります。作業数もアルゴリズム2が少なく、アルゴリズム2の1つの作業時間はアルゴリズム1の1つの作業時間より少なく見積もれますから、アルゴリズム2の方が速いことが分かるでしょう。

　このように、一般的に1つの問題を解くためのアルゴリズムは複数存在し、複数のアルゴリズムを比較するために、このように作業量を比較する「計算量の理論」というものがあります。これについては第6章で説明します。

第2章　機械に計算をさせようという試み

■**全部の計算に言えること**

　ここまでで四則演算、判断、予測など全てを「計算」と呼べるということを述べました。これを別の表現で、一言でまとめてみたいと思います。それは「**ある状態が、何か外からの刺激を受け、その結果状態が変わっている**」ということです。

　足し算2＋3について言えば、

(1)左の箱の中から１個取り出し、３個入りの箱に追加する。右の箱は４個となり、左の箱は１個となる。

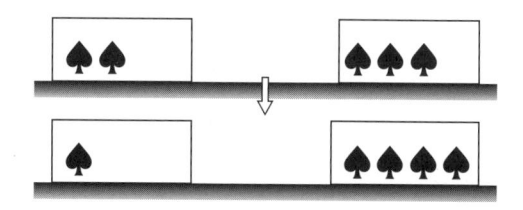

　左の箱の状態を考えてみると、最初は２個入っているという状態でした。それが、外から「１個取る」という刺激が起こり、１個という状態に変わっています。右の箱の状態はどうでしょうか？　最初は３個入っているという状態でした。それが外から「１個加える」という刺激が起こり、状態は４個に変わりました。したがって最終的に右の箱は最初の状態と比べると「２個加える」という刺激によって「５個入っている」という状態に変わったのです。

　リボンを切ることについても考えてみましょう。効率の良いアルゴリズム２では、最初の状態は「リボンが１本」

37

です。それが、外からの「半分に切る」という刺激によって「長さが半分の2本」という状態になりました。さらに外からの「半分に切る」という刺激によって「長さがさらに半分の4本」という状態になります。このようにして、時間とともに状態が変わっていくのです。

エアコンを例に考えましょう。「エアコンが入っている」という状態があり、コンピュータに温度センサからの「25℃を超える」という刺激によって「エアコンの暖房が切れる」という状態に変わります。

つまり、「コンピュータの計算」というのは「ある状態が、外からの刺激によって変化して、状態が変わること」と言ってもよいのです。この考え方は本書で説明する計算理論で重要な考え方となりますので覚えておいてください。

■コンピュータの計算手順の構造

$X-Y$を計算するための全ての手順は「**順次（順番に相当）**」「**分岐（ならばに相当）**」「**反復（繰り返しに相当）**」という3つの基本的な構造を使うことによって行うことができると先に述べましたが、コンピュータの計算における手順も「**順次（順番に相当）**」「**分岐（ならばに相当）**」「**反復（繰り返しに相当）**」という3つの基本的な構造を使うことによって行うことができます。逆にいえば、コンピュータが計算を行う手順の種類は、この3つしかないということになります。計算をするための構造としてこの3つがあれば十分です。このことも後で再び出てきますので覚え

ておいてほしいことです。

　さて、コンピュータの「計算」とはなんぞや？　ということが少しお分かりいただけたでしょうか？　本題に入る前に、少し計算する機械についての歴史を垣間見てみましょう。

### ■アナログ計算機とディジタル計算機
　計算する機械は大きくディジタル型とアナログ型に分けられます。ディジタル型の先祖と言えば、時代は紀元前2000年から1000年くらいのメソポタミアまでさかのぼります。この時代には砂算盤というものがありました。現存する最古の算盤としては、紀元前400年、ギリシャ・ローマ時代のサラミスの算盤と言って畳一畳くらいの大きさの大理石でできているものがありますが、詳細は完全には解明されていないようです。しかし、算盤は世界最古の「ディジタル計算機」であり、現在のコンピュータの前身でもあります。

　一方アナログ計算機の先祖はもっと古くて、紀元前3500年頃から日時計、次いで水時計に始まったようです。

　ではアナログ計算機とディジタル計算機の違いを見てみましょう。

　アナログとは連続的に変化するものです。アナログ式時計といえば、針が連続的に回ります。日時計もそうです。アナログ計算機とは、数を物理的な長さや電気抵抗、電圧

などによって表現し、物理法則を利用して計算を行うもので、数を「連続量」として取り扱います。アナログ計算機は、比較的古くから発達していて、1620年頃に計算尺というものが発明されます。ちょうど、パスカルやライプニッツの歯車式計算機が発明された頃です。

計算尺はみなさんにはなじみがないかもしれませんし、私も実際に授業などで習ったことはないのですが、たまたま家にあったので写真をお見せします。計算尺とは計算をする物指しで、掛け算や割り算、三角関数の計算や、指数・対数の計算はできますが、足し算や引き算はできません。もともと筆算では計算しにくい計算の概算が摑めればよいという目的で作られたものでした。

アナログ計算機はある限られた問題を迅速に解くことが目的で、答えの精度はあまり高くないのが普通です。その後、回転軸と円板を使って積分を行う微分解析機（微分方

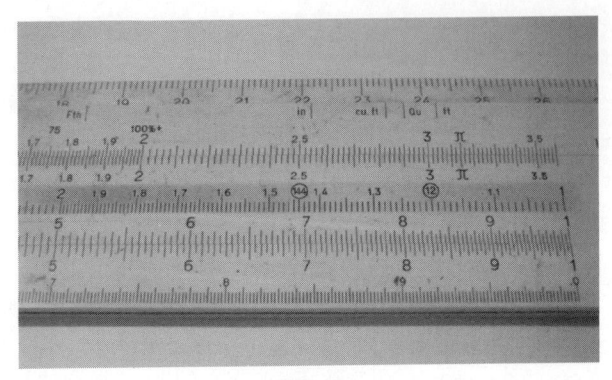

**計算尺**

程式を解く機械）や電気回路を使って連立一次方程式を解く機械などが作られています。

　一方、ディジタルとは不連続に変化するものです。時計で言えば数字で示されるディジタル時計が分かりやすいでしょう。高精度の計算を行うには、やはりディジタル計算機に頼らざるを得ませんでした。しかし、概算を高速に行うアナログ計算機に比べ、高精度を追求するために細かい作業を行わなければならず、処理に時間がかかるという欠点がありました。それで、19世紀後半から20世紀前半にかけてはこのディジタル計算機を高速化、自動化する研究が盛んになりました。現代のコンピュータの発展につながっていったのです。

■数表
　古代より、計算を省くための方法として、算盤の他に数表というものがありました。重さのポンドをキログラムに変換したり、長さのヤードをメートルに直したりするときに使われる対応表のようなものです。単位換算をするために毎回計算をするのは面倒なので、表にしておけばよいという考え方です。

　複雑なものでは、対数表、三角関数表なども、数表を見ればすぐさま値を知ることができます。また、天文学者が天体の運行を知るための天文表、航海者が船舶の位置を知るための航海表などがあります。現存する最古の数表は、3000年以上前にバビロニアで作られたものとされています。歴史上名高いのはアレクサンドリアのプトレマイオス

が作った天文表「アルマゲスト」などです。

　中世以降、商業や貿易が発達してくると、数表がますます必要になり、多くの数表が作られて印刷されるようになります。しかし、数表とはどうやって作るかといえば、人間が「コンピュータ」となって作っていました。1人の人間はとても簡単な計算をしてそれを次の人に渡していく……。それを100人単位で行えば、1つの数表ができあがります。そのようにして作っていましたが、所詮は人間ですから、たまには間違うこともあります。その間違った計算が書き写されてそれをベースにして次の計算が行われますから、1つ間違いが起こったらその影響はどこまで波及するのやら……、という状態でした。

　数表はある決まった需要の多い計算を表にしたものなので、それ以外の計算は算盤に頼っていました。それに代わるものとしては、ネピアの計算棒などがあるくらいです。実用的な計算機が作られたのは16世紀前半、ドイツの天文学者のシッカルトによるものです。しかし、実際には精度の問題であまりうまく働かなかったようです。

　このような背景の下、1642年フランスの数学者ブレーズ・パスカルは19歳で機械式の加算器を作ります。収税吏である父親が計算で苦しんでいるところを助けようとしたことが動機であったようです。これは、1列に並んだ歯車を回して計算するもので、ある桁から次の桁への繰り上がりを行い、機械本体の上に窓が開いていて、そこに総計を表示するようになっていました。

第2章　機械に計算をさせようという試み

■歯車で計算をする

　1645年にパスカルが発明した機械式計算機パスカリーヌは、実用的な歯車式計算機の第一号として知られています。この計算機の原理を説明しましょう（図2-1）。

　表面板ⓐの板上に計算用数字板ⓑのリングが固定されています。写真ではこれが8個あります。8桁の計算ができるということです。そして計算用数字板の内側に凹凸回転板ⓒが回転するように取り付けられており、10本のピンを持つピン歯車ⓔⓕによって数字表示円筒ⓗにリンクしています。したがって、凹凸回転板を回せば、これに連動して数字表示円筒に数値が表示されるようになっています。

　足し算について考えてみます。パスカリーヌの最初の状態は図2-2のようになっています。123＋28の計算をやっ

**パスカリーヌの操作面（下）と内部（上）**
akg-images/PPS

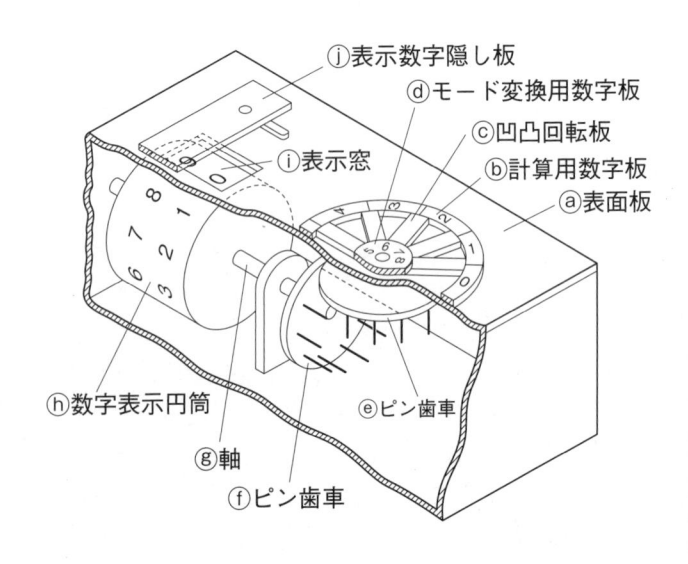

**図2-1 パスカリーヌ**

内山昭『計算機歴史物語』より一部改変（図2-2、2-3も同様）

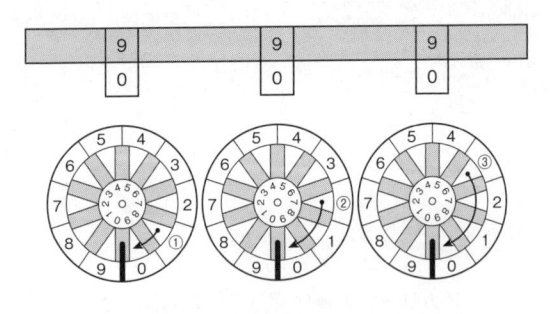

**図2-2 パスカリーヌの足し算（最初の状態）**

44

てみましょう。

　計算用数字板のそれぞれの桁に当たる1、2、3を図2-3の上段（123の表示）のように表示させます。これには凹凸回転板を細長い棒で回します。この123に28を加えるときには、まず上位桁（真ん中の桁）に20を足します。凹凸回転板を2目盛り回せばいいわけです。図2-3の中段（20を足した状態）のようになったところで、さらに下位桁の8を加えます。そうすると、図2-3の下段（8を足した状態）に示す通り、151になります。これは凹凸回転板の9と0の間にある黒線が計算用数字板の0から9を通過するときに、内部の自動桁上がり機構が働いて、1桁上のピン歯車を1目盛り回転させる仕組みが備わっているからです。

　つまり、歯車計算機の1を足すという行動は、歯車を1目盛り分回すということで実現されています。

　このパスカリーヌは加算のほかに同じ原理で減算もできました。掛け算は足し算を何度も繰り返すことで実現し、割り算は引き算を何度も繰り返すことで実現しています。原理的にパスカリーヌは加算器であったというのはそのような理由です。

　ライプニッツは1672年に足し算・引き算に加え、掛け算・割り算もできる機械式計算機を発明しました。ただし、パスカルやライプニッツの計算機は機械の中に計算の手順が組み込まれている形で自動計算ができるものではありませんでした。つまり入力値を変えて処理を行うことはできましたが、計算するプロセス自体を外から与えること

123の表示

20を足した状態

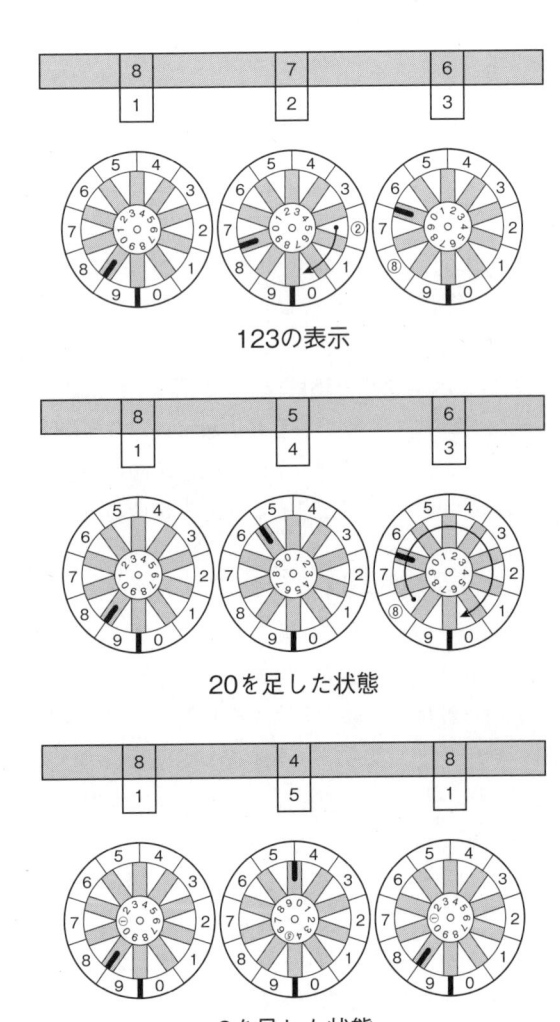

8を足した状態

**図2-3　パスカリーヌの足し算**

第2章　機械に計算をさせようという試み

はできませんでした。この流れはその後、チャールズ・バベッジによる「階差機関」と「解析機関」という2種類の計算機械の発明につながります。

■蒸気で動かす計算機

　チャールズ・バベッジという人は1791年にロンドン郊外で生まれました。この頃のイギリスは産業革命が本格化しており、フランス革命も勃発した頃です。

　バベッジの計算機の製作に関するきっかけは、「正確な

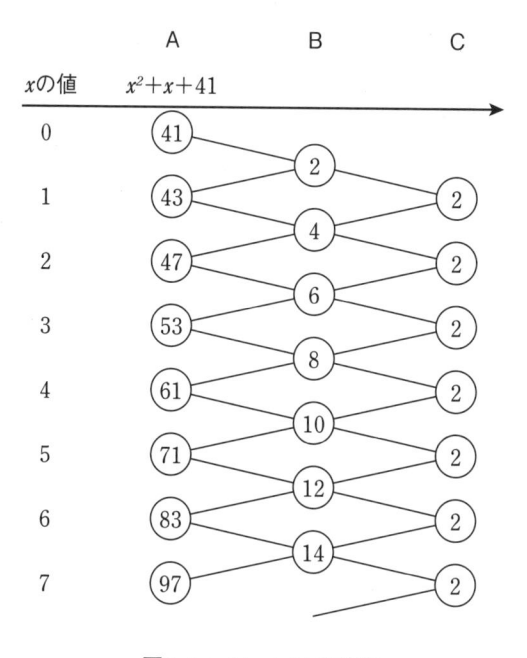

**図2-4　$x^2+x+41$の計算**

数表を作りたい」ということだったようです。前述の通り、数表は規模が拡大するにつれてその正確さが重要視されました。自動的に間違いのない数表を作るための計算機を考え始めたバベッジは、「階差機関」と「解析機関」の2種類の計算機械を発明しました。ちなみに当初から、バベッジは計算機を蒸気で動かすということを想定していました。この2つの計算機について、少し詳しく見ていきましょう。

階差機関を一言で言えば、方程式の答えを、差に注目しながら足し算の繰り返しによって求める方法です。例えば、$y = x^2 + x + 41$で表される式の$y$の値を求める場合を見てみましょう。

図2-4のように、列にA、B、Cという名前をつけておきます。

ここで、式 $x^2 + x + 41$の$x$に0，1，2，3，…と代入した値がA列に書かれていることは分かりますね。A列に書かれている数値の、下の数から上の数を引いた差がB列に書かれています。例えば、A列の1行目と2行目の差（43－41＝2）、2行目と3行目の差（47－43＝4）…のようにです。さらにC列にはB列に書かれている数値の、下の数から上の数を引いた差が書かれています。要するに、隣同士の差を計算した表です。この表をじっと眺めますと、C列の値が全部同じです。

そうです。これを逆方向へ考えたのが階差機関の仕組みです。図2-5に示す通り、右の列を計算するためには左から右へ（図の実線矢印で表される方向へ）計算を行って

いましたが、あるルールにしたがってC列から逆に（図の点線矢印で表される方向へ）左側にたどっていけば、A列の計算ができることになります。図のC列から点線矢印の方向で2+4+47を計算すれば53という答えが出てきます。これを歯車でどう計算するのか見てみましょう。

この原理は、1本の縦のカラム（柱）が1つの列を表現します。各カラムには1本につき数枚のホイールがついていて、それぞれのホイールには0から9までの数字が刻まれています。これを上部のハンドルで回転させて数値を表示します。ホイールの数が桁数を表しています。C列にあたるカラムが動く分だけ隣のB列のカラムが連動して動くという仕組みです。上の例でいえば、A列には47、B列には4、C列には2が記録されています。Cに記録されたカラム分（2つ）回るとBも連動して2つ回りますので4に2が足されて6となります。次にBに記録されたカラム分

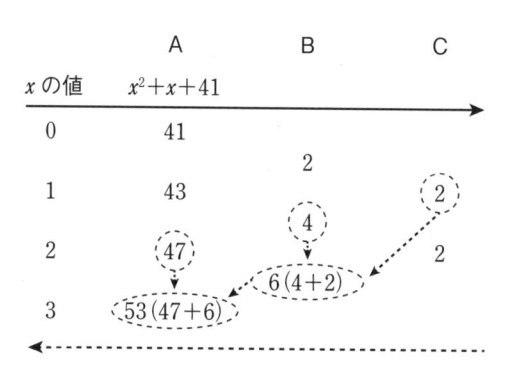

|  | A | B | C |
|---|---|---|---|
| $x$の値 | $x^2+x+41$ | | |
| 0 | 41 | | |
| | | 2 | |
| 1 | 43 | | |
| | | (4) | (2) |
| 2 | (47) | | 2 |
| | | (6(4+2)) | |
| 3 | (53(47+6)) | | |

**図2-5　階差機関の仕組み**

（6つ）回るとAが連動して6つ回るので47に6が加えられて53という結果が出ます。

　ここで重要なのは、3×3+3+41という計算を2+4+47という足し算で行っていることです。計算機は足し算は得意ですが、掛け算は足し算を何度も繰り返して計算をしますから時間がかかります。$x$の値が小さければ繰り返しの回数も少なくて済みますが、$x$の値が大きいと繰り返しの回数が多いので、計算する時間がかかってしまうのです。この階差機関を使うと、$x$の値が大きくなっても短時間で計算ができるのです。しかも、バベッジの階差機関には印刷機能まで付いていました。

　この機械は、対数や三角関数の数表を作ることに特化した計算機械でした。10年の歳月とイギリス政府からの補助

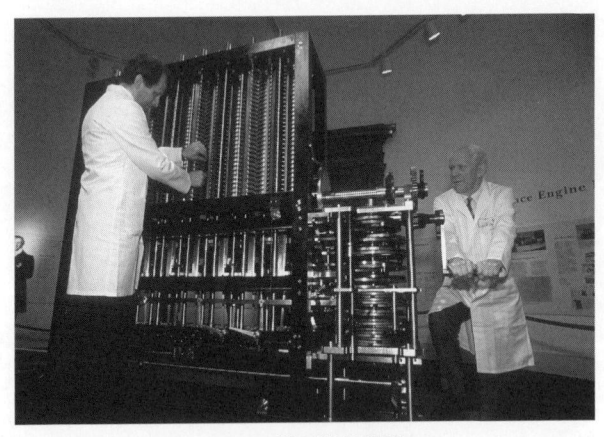

バベッジの階差機関
Rex/PPS

金1万7000ポンドに加え、ほぼ同額をバベッジ自身が投資しましたが、モデル機のみで完成はしませんでした。総額は今で言うと5000万円から1億円の間と言われています。当時、中流階層の年収が250ポンドだったそうですから、かなりの費用が開発に注ぎ込まれたのですね。

■**多機能計算機**

行き詰まった階差機関の開発をほぼ放棄し、1834年春には、バベッジは新しい計算機の設計に取り組み始めます。階差機関はどこまでいっても表を作ることしかできませんでした。一方、解析機関は、どのような数学計算でもできる汎用計算機、つまり現代コンピュータの原型といってもよいものです。解析機関は2つの部分から成っています。

(1)演算の行われる数値が常に送り込まれる「ミル(作業部)」
(2)演算の対象となる数と、ほかの演算の結果を蓄えることのできる「記憶部」

では計算そのものを行うのはどの部分でしょうか？　それは、外から「計算手順」を指示することのできる枠組みでした。「計算手順」は「演算カード」、「計算する対象の数」は「変数カード」というパンチカードに記載され、そのパンチカードに打ち込まれた「計算手順＝命令」を読み取って実行するように設計されました。計算手順を外から与えるというのが、現在のプログラミングにあたります。

パンチカードを実行するというプロセスは、現在のコンピュータの実行と同じです。

　つまりは、パスカルやライプニッツの機械が、数値だけしか外から指示することができなかったのに対し、バベッジの計算機は、計算と数値を外から指示して計算手順を自分で判断し、一連の複雑な演算を行うことができるものでした。これは自動計算機としては初めての発明です。しかし、バベッジは解析機関を機械的に完成させることはできず1871年に亡くなりました。

　この後、汎用計算機の開発は一時ストップしました。バベッジの解析機関が息を吹き返したのは、1936年、ハーバード大学のハワード・ハサウェイ・エイケンが非線形微分方程式を解くための計算機の製作を思い立った時、バベッジの息子によって1886年に寄付された解析機関に巡りあったからでした。

■ライプニッツはチューリングを予言した

　ここまで、コンピュータの歴史について垣間見てみました。今度は「計算理論」に絞って、その歴史を見てみたいと思います。

　1672年、哲学者でもあり数学者でもあり、微分積分学と記号論理学の創始者であるゴットフリート・ヴィルヘルム・ライプニッツは足し算・引き算に加え、掛け算・割り算もできる機械式計算機を発明しました。ライプニッツの計算機は有名です。しかし注目したいのは、ライプニッツは後世の「計算」に関する研究を予言していることです。

第2章　機械に計算をさせようという試み

　ライプニッツは「普遍言語」という概念を打ち立てました。普遍とは例外なく全てのものに当てはまることです。彼は「普遍言語」を用いることで、どんな推論も代数計算のように単純で機械的な作業に置き換えることができ、数名の選ばれた人間が5年かければ実現できるとも予言しているのです。この予言は、この本でも紹介するジョージ・ブール、クルト・ゲーデル、アラン・チューリング、クロード・シャノン、今日のコンピュータの原理を打ち出したジョン・フォン・ノイマン、「情報時代の父」と言われるノーバート・ウィーナーといった科学者の行く道、つまりコンピュータによる「計算」の発展を言い当てたものです。

■2進法

　さらにライプニッツは、「計算」が機械的な作業に置き換えられるということを理解するためには、2つの記号しか必要ないこと、そしてその考え方は中国の易経（陰陽）がルーツであることを述べます。つまり2進法の考え方です。

　実は、全てのコミュニケーションをコード化するには2つの記号で十分だということは、早くも1623年にフランシス・ベーコンによって確かめられていました。「2つの文字を入れ替えて5回並べたもので32の違いを表すのに十分であり、またこの方法を採用してたった2つの違いだけを表すことのできる対象物を使えば、自分が心に意図することを形にして表現し、どんなに遠くはなれた場所までも伝

える道が開けるだろう」という言葉を残しています。

1679年、ライプニッツは2進計算によるディジタル・コンピュータを構想します。0と1があれば計算を表すことができるという考えです。この先駆けとなったのはトマス・ホッブズです。ホッブズは「計算するとは、足し合わされたたくさんのものの合計を数え上げるか、あるいは、あるものを別のものから取り除いたときに何が残るかを知ることである。したがって推論は、足し算もしくは引き算と同じであり、もしも誰かが掛け算と割り算をこれに加えても、わたしはそれに反対しない」と言いました。

### ■19世紀後半の数学の発展

解きたい問題を解くための指示書を「アルゴリズム」と呼ぶことは既に説明しました。アルゴリズムという名称は、9世紀のイスラムの数学者でもあり天文学者でもあるアル=フワーリズミーという人のラテン語の名前に由来しています。しかし、19世紀の中頃までは「アルゴリズムとは何か」という数学的な定義などなくても困ることはなくて、どんな問題に対してもそれを解くアルゴリズムは必ずあるものだと誰もが信じていました。アルゴリズムとは何かを数学的に定義する必要性が出てきたのは、19世紀後半から20世紀前半にかけて、まさにこの本で紹介する内容が生まれた頃です。このころ、アルゴリズムとは何かを厳密に定義する試みが数多くなされました。それらは次章で紹介しますが、

1920年　ヒルベルトのプログラム
1931年　ゲーデルの不完全性定理
1934年　ゲーデルらによる計算可能関数
1936年　チューリングによるチューリング・マシン
　　　　クリーネによる帰納的関数
1936年　チャーチによる$\lambda$定義可能関数
1936年　ポストによるポスト正規システム

というものが有名です。

　このような数学の発展の中で、チューリングは「ヒルベルトのプログラム」として提唱された理論のうちの1つに大変興味を持ち、そのことを追究するために研究を始めました。その成果がこの本で紹介するチューリングの計算理論なのです。

# 第3章
# オートマトンとチューリング・マシン

第1章と第2章で、私たちの身近な計算を見直し、同時に歴史上登場してきた計算をする単能な計算機械を紹介しました。しかし、これらの機械は今のコンピュータとは違います。どこが違うのか、その点を理論的に示したのがチューリングの考案した「チューリング・マシン」という仮想的な計算モデルでした。計算モデルとは、アルゴリズムを表現する1つのモデルだと思ってください。この章ではこのチューリング・マシンの原理を紹介します。

### ■決定問題
　チューリングは1936年にプリンストン大学の研究生となります。この頃、アルゴリズムとは何かを数学的に定義する研究が、盛んに行われていました。ダフィット・ヒルベルトというドイツの大数学者が1900年にパリで開かれた国際数学者会議で、20世紀の数学者が取り組むべき中心的な課題として、ヒルベルトのプログラムとして知られている「23題の未解決問題」という講演をしたのが始まりだったようです。その講演の中の1つが「**決定問題**」と呼ばれた、後にチューリングがチューリング・マシンを考案したきっかけになった問題でした。

　プリンストンへ行く前の年の1935年の春学期、チューリングはマクスウェル・ハーマン・アレキサンダー・ニューマンという数学者の講義を受けました。それが第10番目の未解決問題であった、

　機械的な手順によって、証明可能であるか証明不可能で

あるかチェックすることは可能であるか？

というものです。「機械的な手順」とは機械で動かすという意味ではなく、**アルゴリズム**のことを指しています。ですから言い換えると「証明可能か不可能かを知るためのアルゴリズムは存在するか」になります。第2章で述べた通り、アルゴリズムとは計算の手順を書いたものですから「証明できるか、できないかを計算する（チェックする）手順を書き表すことは可能か？」といってもよいでしょう。

チューリングはこの講義を聞いてヒルベルトの決定問題にはじめて関心をもち、「厳密に機械的な手順では解決できない数学的な問題が存在する」こと、つまり決定問題は否定的に証明できるはずだ、という直感を抱きます。その年の夏にはこの問題に取り組み、1936年9月にプリンストン大学に向けて旅立つ前には論文を書き上げました。「計算可能数とその決定問題への応用」という論文でした。「チューリング・マシンの紹介」とかそういう題名ではありません。マシンとか機械に関する単語すら、タイトルに入ってはいませんでした。

それからも分かるように、この論文の本質はあくまでも数学として「計算」を考察したということなのです。チューリングはこの問題に取り組み、結局、厳密に機械的な手順では解決できない数学的な問題が存在すると主張しました。その証明のために「**チューリング・マシン**」という**アルゴリズムを表す理論的な計算モデル**を考案し、そのチュ

ーリング・マシンを用いて、計算を数学理論として細かい手順に分けて考えていったのです。

■コンピュータの万能性を保証するチューリング・マシン

それでは「可能ではない」ことを証明するには、どうしたらよいでしょうか？「可能である」ということを証明するには、どんな方法でも、たとえその方法しかなくても、1つでも可能であることを示せば証明したことになります。しかし「可能ではない」ことを証明するには、「全ての可能性」について検討し、全て不可能であることを示さなくてはなりません。言葉を換えれば「全てのアルゴリズム」について検証しなくてはなりません。そのためにチューリングが考案したものが、チューリング・マシンでした。

さらにチューリングは、あらゆるチューリング・マシンでできる全てのことを、1台でできる「**万能チューリング・マシン**」も考案しました。この万能チューリング・マシンは現在のコンピュータの原理そのものです。本書の中心部分はこのお話です。

チューリング・マシンの話の前に、まずはアルゴリズムを表す1つの手段であるオートマトンを紹介しましょう。

## 3-1　オートマトン
■ハンバーガー、いかがですか？　（状態）

お腹が空いてしまったA子さんが歩いていると屋台がありました。

第3章　オートマトンとチューリング・マシン

　売り子「ハンバーガーはいかがですか？」
　A子さん「ハンバーガーください!!」

　お昼を食べてお腹がいっぱいになったA子さんが歩いていると屋台がありました。
　売り子「ハンバーガーはいかがですか？」
　A子さん「もうお腹がいっぱいなのでNo,thank you !!」

　2つの違いはなんでしょうか？　それは「ハンバーガーはいかがですか？」と言われたA子さんの応対が違います。ではなぜ違うのでしょうか？　それはA子さんの「**身体の状態**」です。「お腹が空いてしまっている」状態と「お腹いっぱい」の状態。

　なぜこんな話をしているのかというと、上の異なる2つの状態によって次のA子さんのセリフが変わることに着目してほしいのです。**状態によって次の行動が変わる**ということを言いたいわけです。

　前章までで、「計算」とは「**ある状態が外からの刺激によって変化して状態が変わること**」であると説明しましたがそのことです。もう少し「状態」について考えてみます。

　状態とは、『デジタル大辞泉』で見てみると「人や物事の、ある時点でのありさま」のことで、「健康状態」「危険な状態」「昏睡状態」などと使われます。上の例では「A子さんの身体の状態」に着目しています。

「ある事物・対象の、時間とともに変化しうる性質・あり

さまなどを指す言葉」という説明をすることもあります。

前章までで、コンピュータの計算には「判断」「予測」「推論」なども含まれるという話をしましたが、そもそも「判断」したり「予測」したりするのはある物事のある時点でのありさまによって変わりますね？

　雨が降っているから傘をさす

というのは「雨が降っている」状態であるから「傘をさす」ほうがいいと判断したためです。

このように、判断や予測をするにもその前の「状態」というのが非常に重要になってきます。

■ゲームの持ち点

シューティングゲームなど、始めに持ち点があって、敵の弾に当たると5点ずつ減り、だんだんと持ち点が少なくなっていき、0点になったところでゲームオーバーになるようなゲームを考えます。最初の持ち点が15点だとしましょう。ゲームのキャラクターが持っている点数もある時点での物事のありさまですから、「15点持っている」という1つの「状態」です。この状態が、1回敵の弾に当たると「10点持っている」という状態になり、2回当たると「5点持っている」という状態になります。3回当たると「0点持っている」状態になり、ここでゲームオーバーとなるわけです。

これらの動きを図3-1のように機械的に表すことがで

第3章　オートマトンとチューリング・マシン

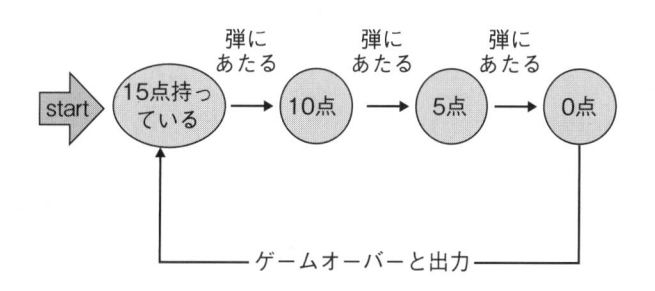

図3-1　ゲームの持ち点

きます。

　この図はゲームのルールを表したものと考えることができます。図の丸で囲まれた部分がそれぞれの「状態」を表します。最初の「15点持っている」状態を初期状態と呼びます。「敵の弾に当たる」という現象が起こると「状態」はそれに応じて変わっていきます。ある状態のもと、何かが起きて状態が変化することを状態遷移と呼びます。図でいうと、矢印の上に書かれているのが「何かが起こったこと」を示し、その結果、矢印の先の状態に移る（遷移する）ことを表しています。この状態が変わる様子を上記のように図にしたものは状態遷移図と呼ばれます。

■ゲーム自体がオートマトン

　オートマトンというのは、前節で述べたような、初期状

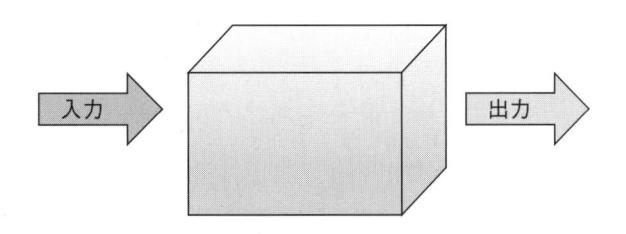

**図3-2　オートマトンのイメージ**

態を含むいくつかの状態と、その状態に応じて行われる処理のルールを備えた概念のことを言います。図3-2のような箱を思い浮かべてください。

さきほどのゲームのルールを書いた図が、箱の中に入っていると考えてください。ただし、さきほどの矢印と、この図の入力、出力の矢印を混同しないようにしてください。箱の中の状態は初期状態にあるとします。「敵の弾に当たる」というのが「入力」に相当すると考えてください。前章までで「ある状態が外からの刺激によって変化して状態が変わること」というところの「外からの刺激」に当たるものです。この「敵の弾に当たる」という刺激を受けるたびに状態が変化し、10点の状態、5点の状態と5点ずつ減った状態に移っていき、箱の中の状態が0点になると、「ゲームオーバー」と出力する機械です。

■じゃんけん

「じゃんけん」を考えましょう。簡単にするためにAさんとBさんの2人でじゃんけんをします。この場合の状態と

第3章　オートマトンとチューリング・マシン

は、どんなものが考えられるでしょうか？　じゃんけんぽん！　あいこでしょ！　のように、「あいこ」「どちらかが勝つ」という状態が考えられます。どちらが勝ったかまで細かく考えると、「Aさんが勝つ（Bさんは負け）」の状態、「Bさんが勝つ（Aさんは負け）」の状態、「あいこ」の状態の3つが考えられます。

　このオートマトンの規則を図にしてみましょう。

　最初の状態はまだ決着が付いていないので、初期状態とあいこ状態を別にしても構いませんが、簡単にするために、あいこ状態と初期状態を一緒にして「未決着状態」というのを作ります。入力としては、初期状態からAさんとBさんの出す手（グー、チョキ、パー）の9通りの組み合わせが考えられ、それぞれの入力によって移る状態が決まります。これを図にしたものが図3-3です。

　初期状態かあいこの状態（未決着状態）で、その下に書いてあるA、Bの2人が同じ手を出した場合には、状態は変わりません。上の矢印のところに書いてある3通りの組み合わせが出たら「Aさんの勝ち」状態へ移り、このオートマトンは終了します。終了の状態を二重丸で示します。同様に、下の矢印のところに書いてある3通りの組み合わせが出たら「Bさんの勝ち」状態へ移り、このオートマトンは終了します。どうでしょう。簡単ですね。このようにオートマトンとは初期状態を含むいくつかの状態と、その状態に応じて行われる処理のルールを備えた概念で、これを図で表すとこのように表せるということです。

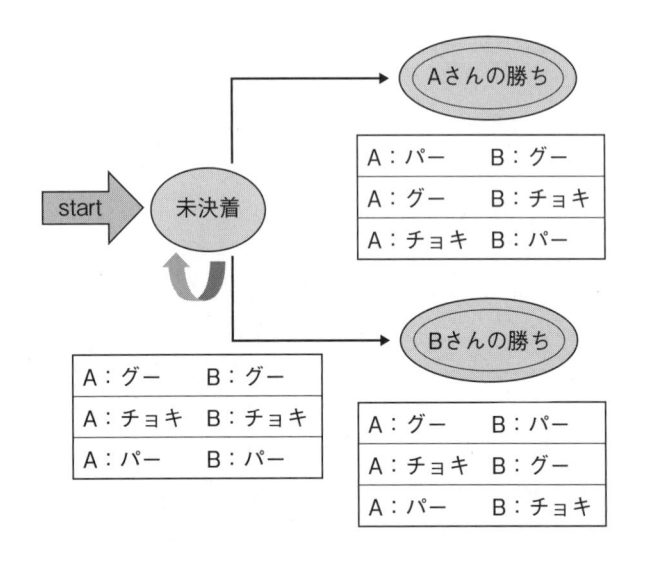

図3-3　じゃんけんのオートマトン

■オートマトンの機械

　オートマトンはアルゴリズムを表す1つの手段ですが、これを実現した例をいくつか紹介しましょう。規則にしたがって動く物理的な機械はオートマトンで表現することができるのです。例えば自動販売機。

　自動販売機は、お金を入れてボタンを押すと商品とおつりが出てきます。これにも規則性があるのです。この自動販売機は

　　100円を入れると飲み物が出てくる。
　　50円玉か100円玉しか受け付けない。

第3章 オートマトンとチューリング・マシン

100円が入り、ボタンが押されると飲み物が出てくる。

という単純な機械であるとします。

このオートマトンの規則を図にしてみましょう（図3-4）。

初期状態はお金が入っていない状態です。ほかの状態を考えると、50円玉が入っている状態、100円玉が入っている状態と全部で3つの状態があります。

初期状態から次の状態に移るには50円が入るか100円が入るかのどちらかです。ですから初期状態の○からは2通りの矢印が出ており、一方は「50円入っている状態」へ向いており（矢印②）、もう1つの矢印は「100円入っている状態」へ向いている（矢印①）のです。

「50円入っている状態」からさらに50円が入ると「100円

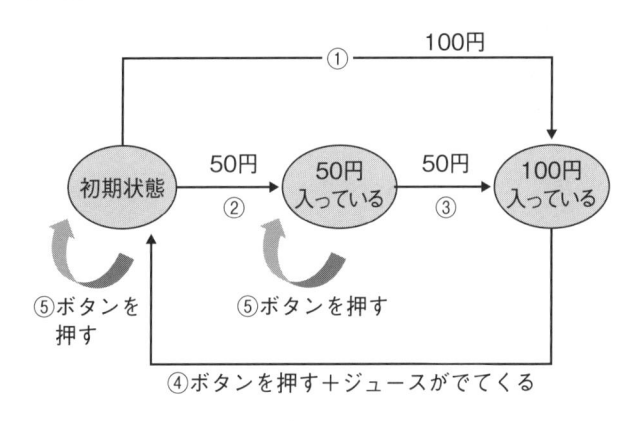

**図3-4　自動販売機の図**

入っている状態」へ状態が移ります。この様子を矢印③が示しています。

「100円入っている状態」になり、ボタンが押されると飲み物が出てきて状態は初期状態へ戻ります。この様子を示したのが矢印④です。

初期状態や「50円入っている状態」でいくらボタンを押してみても機械は動きませんから、状態は変化しないことを示しているのが矢印⑤となります。

エアコンの動きもオートマトンで表すことができます。エアコンには温度や湿度といった情報をセンサーでキャッチして、自動的に冷房・暖房を切り替える機能がありますね？　タイマー機能を持つエアコンは時間によって電源のON/OFFができるようになっています。これらの機能は全てエアコンの内部のコンピュータの中で、状態による変化のルールに従った処理が行われる結果、実現されているのです。この様子をオートマトンを用いて表してみましょう（図3-5）。

エアコンの状態には「暖房が入っている」「冷房が入っている」「冷暖房とも入っていない（OFF）」という3つの状態があるとします。若干おおざっぱですが、詳細な設定温度について考えるとややこしくなるのでここでは考えないことにします。スタートは「冷暖房とも入っていない」状態ですが、「暖房ボタンを押す」と暖房が入り、「冷房ボタンを押す」と冷房が入ります。どちらかの状態で「OFFボタンを押す」と「冷暖房とも入っていない」状態になります。外から見ると、どのボタンが押されたかを表

第3章 オートマトンとチューリング・マシン

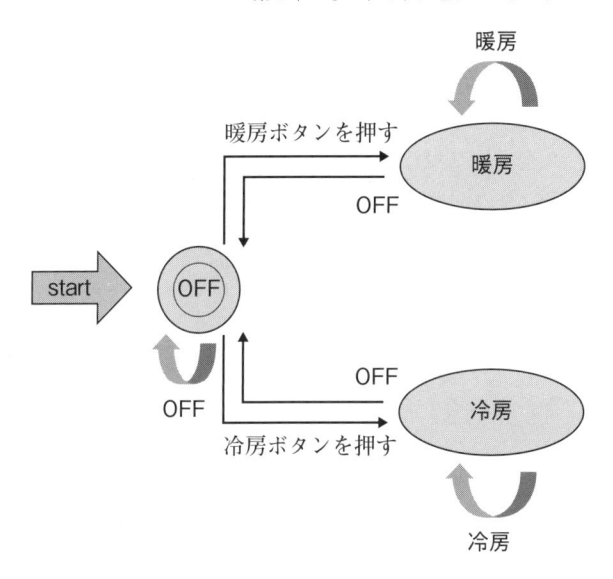

**図3-5 エアコンの動きのオートマトン**

す信号を入力として受け取り、暖房をつけるか冷房をつけるかいずれかを表す信号を出力することで機械を操作していることになります。

■オートマトンと計算の関係

元来オートマトン (automaton) とは、ヨーロッパで古くから種々のアイディアをもとに精巧に作られた自動機械や自動人形を意味する言葉です。古くはゼンマイ仕掛けの人形を意味することもありました。情報科学におけるオートマトンとは、ゲーム、じゃんけんなどのアルゴリズムを

表す1つの手段で、ある入力があると、それに応じた出力をするという数学的なモデルです。

世の中のソフトウェアは、アルゴリズムをプログラム言語を使って「**プログラム**」という形で表したものです。この意味で、ある目的で作られたソフトウェアは1つのオートマトンといってもよいのです。検索エンジン、画像圧縮、暗号、機械学習などなど、あらゆるプログラムはオートマトンと見なすことができます。

オートマトン、つまりコンピュータの計算とは、四則演算のほか、判断や予測をすることも含むことは何度も述べてきました。ここまでで述べたゲームは非常に単純ですが、現在のコンピュータ上で動いているゲームはもっと複雑ですね。この章では「敵の弾に当たる」という現象しか扱いませんでしたが、「アイテムを取る」と「点数が増える」という新たなルールが加わると、「状態」を表す○も多くなり、矢印の数も増えていきます。状態や矢印の数が増えていくということは、それだけコンピュータが処理をする時に「判断」をすることが多くなっていくことを表しています。

つまりは、コンピュータが「判断」をする時には、必ず何か物事の「状態」があり、それぞれの状態の時に、ある「入力」があったらどういう処理をするのかを示したルールがあり、そのルールにしたがって判断を行い、その結果「状態」が変わっていく、ということです。この過程こそがコンピュータの「計算」なのです。

ですから、「コンピュータが行う処理のルールを表すこ

とができる」＝「状態が変わっていく様子を表すことができる」というのは計算そのものを表していることがお分かりいただけたでしょうか。

本書の中心であるチューリング・マシンの計算理論の1つ目である、「解きたい問題が正しいアルゴリズムとして記述できれば、必ずコンピュータで計算できる」という理論は、オートマトンにも当てはまります。オートマトンはコンピュータの計算を行う処理のルールを表すことができる計算モデルです。

オートマトンは、図に書きやすいので理解が容易な計算モデルですが、あらかじめ上限が分かっていない数は扱えないなど、計算を表現するには力不足な点があります。次節で紹介するチューリング・マシンは、オートマトンの入出力を「無限長のテープを使って行おう！」という考え方で、テープ上に計算結果を残すように拡張した計算モデルです。

## 3-2　チューリングの計算理論

この本で紹介するチューリングの計算理論は、大きく2つに分かれます。1つ目は、解きたい問題が正しいアルゴリズムとして記述されれば必ずコンピュータで計算できるという理論です。そのことを述べる過程で、チューリングは「自動計算機」を考案しました。「自動計算機」といっても、数学の計算モデルであり、仮想の計算機なのですが、結局その自動計算機が今日「チューリング・マシン」

と呼ばれるものであり、近代コンピュータの始まりとなりました。

2つ目はコンピュータの万能性を保証する理論で、これについては第5章で述べます。

前節では「計算モデル」の1つであるオートマトンを紹介しました。次にいよいよチューリング・マシンの登場です。1930年代にアラン・チューリングによって提案された「チューリング・マシン」は、オートマトンを少し拡張したものです。

■**チューリング登場**

アラン・チューリングは、1912年英国に生まれました。彼は言葉を覚えるのも早く、8歳の頃には家の地下室で科学実験を行い、「僕は、いつも、自然に存在するありふれたものの中から新しいものを、最小限のエネルギーで、作り出したがっているみたいです」と自分を分析したというのですからそのすごさが分かります。最小限のエネルギーというところに、コンピュータのアルゴリズムの効率を追うという考え方が当てはまるような気がします。

1936年、チューリングはプリンストン大学の研究生となります。この頃は、前章に書いた通り、数学の分野において、アルゴリズムとは何かを厳密に定義する試みが数多くなされていました。その歴史的背景をおさらいしてみましょう。

19世紀後半から20世紀前半にかけて、アルゴリズムとは何かを厳密に定義しようという試みが数多くありました。

チューリングは、ドイツの有名な数学者ヒルベルトの「23題の未解決問題」の1つ「決定問題」に興味を持ち、それを否定する証明を行うためにある論文を書きました。それが「計算可能数とその決定問題への応用」という論文です。

「計算できるかできないかをチェックする機械的な手順（アルゴリズム）が存在するか？」ということを数学的に証明するために書き始めた論文で、その証明を行うために考えたのがチューリング・マシンであり、今日のコンピュータの計算理論を支える仮想機械だったのです。チューリング・マシンという呼び名ですが、彼の論文の中にはそのような記載はありません。現在当たり前のように使われておりこの本でもそのように使っていますが、チューリング・マシンという言葉はアロンゾ・チャーチが1937年1月に生み出した言葉です。

■**チューリング・マシンの構造**
「計算できるかできないかをチェックする機械的な手順（アルゴリズム）が存在するか？」ということを数学的に証明するためにまず最初に考えたのは、「計算できるということはどういうことか？」ということでした。そしてチューリングは機械の計算ではなく、「人間が計算をするときはどのようにするか」から始めました。人間が数の計算を行うときには、紙と鉛筆を使って途中の計算結果を書き込みながら、最終的な答えを出します。そこでチューリングは、人間を「いくつかの状態を取ることができる機械」に置き換えました。

例えば、(10+2)×3という計算を人間がするとしたら、

①10と紙に書く
②①で書いた数値に2を足す（紙には「+2」を付け加えて多分「10+2=12」と書いてある）
③②の結果に3を掛ける（紙には「×3」を付け加えて多分「12×3=36」と書いてある）
④終わり

　上で書いたような計算の過程では、数値を足したり掛けたりするたびに紙に書かれることが増えていきます。①〜④の番号が、この計算をする時の人間のいくつかの「状態」の例と考えてみてください。①は、紙に数値を書き込む状態。②は紙に書かれた数字に2を足す状態……。このような人間の計算の過程を模倣できるような仕組みを考えました。そして構想した機械が図3-6のような機械、チューリング・マシンです。

　人間が使う計算用紙に相当するものは、チューリング・マシンでは「テープ」です。人間に相当する、複数の状態を取ることができる機械は四角く囲まれた部分です。これがチューリング・マシン本体です。チューリング・マシンは常に「ある状態」を持っています。「状態」は前章での説明やオートマトンのところの説明でしたことと同じで、「ある刺激（入力）があった時に、どのように行動（出力）し、次の状態になるか」というルールを表しています。そして、その「状態」はチューリング・マシンに備え

第3章 オートマトンとチューリング・マシン

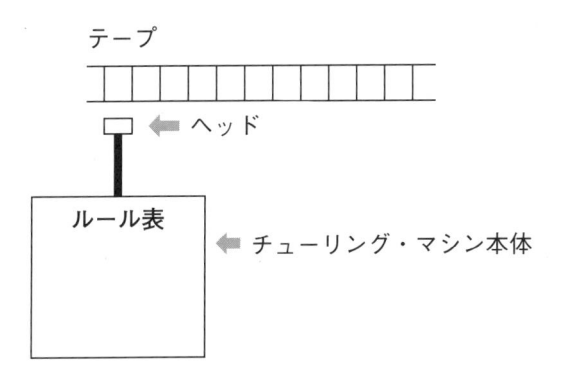

図3-6 チューリング・マシン

付けられている「ルール表」に従って変化していきます。「ある状態の時、外からの刺激によって状態が変わること」こそが「計算」でしたね。チューリング・マシンが「計算」をする機械であることがここで分かるでしょう。

■外からの刺激（テープとヘッド）

チューリング・マシン本体から黒い細い棒が出ていて、その先に横長の棒があります。この横長の棒を「ヘッド」と呼び、チューリング・マシンはこのヘッドで外からの刺激を受け、「チューリング・マシンの状態」を変化させていきます。横長の棒の先にある包帯のようなものが「テープ」です。

チューリング・マシンのテープは、図のようにマス目に区切られていて、1マスに1文字書くことができます。書

き込まれていない部分は空白です。ヘッドが指定されたテープのマス目に書かれた文字を読み取ってチューリング・マシン本体に送ると、それが刺激となってチューリング・マシン本体の状態が変わるのです。ヘッドは一方向ではなく双方向にチューリング・マシン本体とやりとりができます。つまりチューリング・マシン本体はヘッドを通じて、指定されたマスに文字を書き込むこともできます。

しかし、書いたり読んだりするにはルールがあります。ルール表にはヘッドの動きと、そこでの読み書きが指示されており、指示があったマスにだけ読み書きをしていいのです。

また、ヘッドは右へ行ったり左へ行ったりすることもできますが、一度にマス目を1つだけ右に移動するか左に移動するか、移動しないかの3パターンの行動しかとれません。マス目には番号が付いていないので、指定したマス目に一足飛びに移動するということはできません。3つ右のマス目へ移動したければ、「右へ移動」という行動を3回行うことになります。

### ■ヘッドの動きとテープの読み書きのルール

ヘッドはどうやって動くのでしょうか？　そのルールは、チューリング・マシン本体のルール表に書かれています。どんなふうに書かれているかといえば、

> マス目の記号が0ならば、そのマス目には1を書き込み、そのあとにヘッドを右へ移動

第3章　オートマトンとチューリング・マシン

というようなルールが並んでいるのです。当然、文章で書いてあるわけではなく、上の文章であれば、例えば、

$$0,\ P1,\ R$$

のようにカンマで文字を区切った表記になります。最初の0は、テープから読み込んだ記号が0であれば、という意味を表しています。この部分が1であったり、空白（_）であったり、その他の記号である場合も出てきます。次のPで始まる部分は「書き込み」を表し、Pの後ろに書かれた文字を書き込むというルールです。ですから、P1はマス目に1を書き込むということになります。3番目の部分は、「次にヘッドをどちらへ動かすか」を示しています。Rは「右へ移動」を表します。この部分がLになっていれば「左へ移動」を表し、ヘッドを動かさない場合にはNとします。

　例えば、ヘッドを↑とし、テープとヘッドの関係が以下のようになっているとき、

$$0\ \ 0\ \ 0\ \ 0\ \ 0\ \ 0$$
$$\uparrow$$

このルールに従えば、チューリング・マシンの次のテープとヘッドの様子は、

$$0\ 1\ 0\ 0\ 0\ 0$$
$$\uparrow$$

ということになります。

■状態が分からないと困る

　オートマトンの節で出てきた、「ハンバーガーはいかがですか？」をふたたび思い出してください。同じ入力があっても、状態によって次の行動が変わるということを話しました。チューリング・マシンも同じです。テープから読み込んだ記号が0であっても、そのときの状態によって行動が変わってきます。

　したがって、チューリング・マシンもオートマトンと同じようにいくつかの「状態」を持ちます。例えば、「状態1のときに、ヘッドから読み取った文字が0であれば、そのマス目には1を書き込み、ヘッドを右に移動する」というようなルールです。そうすると、先ほどの「0, P1, R」は、

　　　　　　　　状態1：0, P1, R

のように示されると分かりやすいでしょうか。同様に、この場合ルールは複数個書けます。

　　　　　　　　状態1：0, P1, R

第3章　オートマトンとチューリング・マシン

状態1：1, P0, L
状態2：1, P1, R

　1行目は先ほどと同じです。2行目は、ヘッドの移動を示す場所にLと書かれています。これは左を表します。「状態1のときに、ヘッドから読み取った文字が1であれば、そのマス目には0を書き込み、ヘッドを左に移動する」と読むことができます。3行目は「状態2のときに、ヘッドから読み取った文字が1であれば、そのマス目には1を書き込み、ヘッドを右に移動する」ということになります。

```
0   1   0   0   0   0
        ↑
```

　では、次にチューリング・マシンはどういう動きをするのでしょうか？
　ん？　状態が分からないと動けない……！


■簡単なチューリング・マシン
　移動した先の状態が分からなければ、ルール表のどこを見たらよいか分かりません。そこで、もう1つルールに付け加えなくてはいけないことがあります。それは、移動先の状態です。したがってルール表は、最後に、「次の状態」を表す部分が加わり、

状態：読み取る文字，マス目に書き込む文字，ヘッドの移

動先，→次の状態

となります。
　このルールに従って、例えば以下のように書いてみます。

　　　　　状態1：0，P1，R，→状態1
　　　　　状態1：_，P_，N，→状態2
　　　　　状態2：終わり

　これはアルゴリズム、つまり1つのチューリング・マシンを表しています。状態1が初期状態だとすれば、

　　状態1のときに、読み取った文字が0であれば、そのマス目には1を書き込み、ヘッドを右に移動して、状態1へ移る

となります。状態1から状態1へ移るということは、実質状態は変わらないことを意味しています。
　次も同じ状態1ですから、もう一度同じことをします。

　　状態1のときに、読み取った文字が0であれば、そのマス目には1を書き込み、ヘッドを右に移動して、状態1へ移る

　これを、空白を読み取るまで（テープの右側に0が続く

第3章　オートマトンとチューリング・マシン

限り）繰り返します。

そして、状態1で空白を読み取った段階で、

> 状態1のときに、読み取った文字が空白であれば、そのマス目には空白を書き込み、ヘッドを動かさずに、状態2へ移る

となります。空白を書き込み（ということは何も書かないことと同じですが）、ヘッドを動かさずに、状態2へ移るということになりますから、次にすべきことは、状態2で示された部分（3行目）を見ます。状態2は終わりを示していますからこれで実行が

> 終わる

ということになります。

そこで、

```
0 0 0 0 0 _
↑
```

というテープとヘッドの関係があったとします。そこに上のチューリング・マシンを実行させると次のようになります。テープに書かれた数字の肩に付いている添え字が、状態を表し、同時にヘッドの位置を示しています。

| | | | | | |
|---|---|---|---|---|---|
| $0^1$ | 0 | 0 | 0 | 0 | _ |
| 1 | $0^1$ | 0 | 0 | 0 | _ |
| 1 | 1 | $0^1$ | 0 | 0 | _ |
| 1 | 1 | 1 | $0^1$ | 0 | _ |
| 1 | 1 | 1 | 1 | $0^1$ | _ |
| 1 | 1 | 1 | 1 | 1 | $\_^1$ |
| 1 | 1 | 1 | 1 | 1 | $\_^2$ |

つまり上のチューリング・マシンは「空白を読み取るまで0を1に書き換える」マシンでした。

このようにチューリング・マシンは、「現在の状態」に応じて、ヘッドがマス目の値を読み書きし、ヘッドを1マス分、右あるいは左に動かして、その後、→の後に指定された状態に移ります。そして、最終状態であるとプログラムされた状態にたどり着いた時点で、止まることになります。

テープに1が書かれていたらどうなるかと言えば、そのようなルールは記載されていないので、チューリング・マシンはそこで動かなくなってしまいます。止まったように見えて、実は実行は終わっていないという状態です(これはたいへん重要なことで、後で詳しく考察するので、覚えておいてください)。

まさにチューリング・マシンは「ある状態が、外からの刺激によって変化して、状態が変わること」という「計算」を、繰り返している機械であることが分かっていただけたでしょうか。

## 第3章 オートマトンとチューリング・マシン

### ■3＋2をやってみよう

　チューリング・マシンで2つの整数の足し算をするときには、足したい2つの数をあらかじめテープに書いておく必要があります。数の表し方はいろいろありますが、いちばん単純な方法で説明します。整数はテープ上でその数だけ記号「1」を並べて示すこととします。また2つの整数を区別するために、2つの整数は空白で区切られているものとします。例えば3と2という2つの整数は、_という記号で空白を表すとすれば、テープ上で

$$111\_11$$

と書き込まれていることになります。3と2をあわせると5になりますが、この書き方に従えば11111と表せることになります。

　そこで、3＋2のチューリング・マシンは、テープから111_11を読み取って11111で置き換えればいいのです。手順としては

①1のつながりを分離する空白記号「_」を見つけたら、それを1で置き換える。
②右端の1を見つけたら、それを空白で置き換える。

となります。この2つの手順を行うチューリング・マシンは以下の通りです。

状態1：1, P1, R, →状態1
状態1：_, P1, R, →状態2
状態2：1, P1, R, →状態2
状態2：_, P_, L, →状態3
状態3：1, P_, N, →状態4
状態4：終わり

1行目で1をたどり、2行目で「_」を見つけたら1に書き換え、3行目でまた1をたどり、4行目で「_」を見つけ左に戻り、5行目で最後の1を「_」に書き換え、6行目で終了です。

状態1を初期状態として上のチューリング・マシンを実行させると、

| | | | | | | |
|---|---|---|---|---|---|---|
| $1^1$ | 1 | 1 | _ | 1 | 1 | |
| 1 | $1^1$ | 1 | _ | 1 | 1 | |
| 1 | 1 | $1^1$ | _ | 1 | 1 | |
| 1 | 1 | 1 | $\_^1$ | 1 | 1 | |
| 1 | 1 | 1 | 1 | $1^2$ | 1 | |
| 1 | 1 | 1 | 1 | 1 | $1^2$ | |
| 1 | 1 | 1 | 1 | 1 | 1 | $\_^2$ |
| 1 | 1 | 1 | 1 | 1 | $1^3$ | |
| 1 | 1 | 1 | 1 | 1 | $\_^4$ | |

となって終わります。

第3章 オートマトンとチューリング・マシン

■0と1を交互に表示するチューリング・マシン

次にお見せするチューリング・マシンは、0と1を1マス置きに交互に印字するチューリング・マシンです。この機械には4つの状態があります。各状態で表される表記法は、前節で説明したものと同じです。

状態1：＿, P0, R, →状態2
状態2：＿, P＿, R, →状態3
状態3：＿, P1, R, →状態4
状態4：＿, P＿, R, →状態1

このチューリング・マシンの動きを、細かく見てみましょう。初期状態を状態1とし、テープは全て空白の状態とします。

1行目は、ヘッドが置かれたマスが空白であったら、0

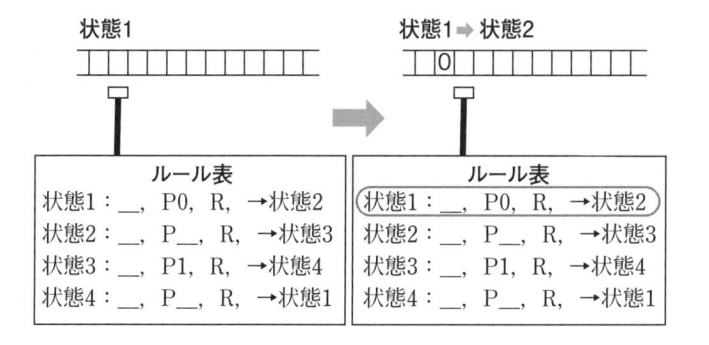

図3-7 ルール表1行目

85

を書き込み、ヘッドを右へ進め、状態2へ。図3-7のように状態が変わります。

次に2行目の状態2の動きを見ると、ヘッドが置かれたマスが空白であったら、空白を書き込み（空白のまま）、ヘッドを右へ進め、状態3へ。ヘッドの置かれたマスは空白ですから、そのままヘッドを右へ進めます。次に状態3の動きを見ると、マスが空白であったら1を書き込み、ヘッドを右へ進め、状態4へ。これで図3-8のように状態が変わります。

状態4は、読み取った値が空白ならば、空白を書き込み、ヘッドを右へ動かし、状態1に戻ります。その後は、同じことが繰り返されます（図3-9）。こうして、このチューリング・マシンは0と1を交互に無限列として印字することになります。ただしこの例では、あえて1マス置きに0と1を交互に印字するようにしました。1マス置きに

**状態2 ⇒ 状態3**

```
ルール表
状態1 : __, P0, R, →状態2
（状態2 : __, P__, R, →状態3）
状態3 : __, P1, R, →状態4
状態4 : __, P__, R, →状態1
```

**状態3 ⇒ 状態4**

```
ルール表
状態1 : __, P0, R, →状態2
状態2 : __, P__, R, →状態3
（状態3 : __, P1, R, →状態4）
状態4 : __, P__, R, →状態1
```

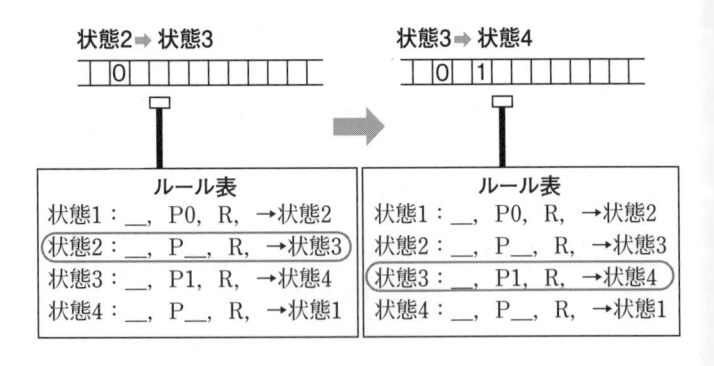

**図3-8　ルール表2行目、3行目**

第3章 オートマトンとチューリング・マシン

**状態4 ➡ 状態1**

| | |0|1| | | | | | |

**ルール表**
状態1：＿, P0, R, →状態2
状態2：＿, P＿, R, →状態3
状態3：＿, P1, R, →状態4
(状態4：＿, P＿, R, →状態1)

➡

**状態1 ➡ 状態2**

| | |0| |1|0| | | | |

**ルール表**
(状態1：＿, P0, R, →状態2)
状態2：＿, P＿, R, →状態3
状態3：＿, P1, R, →状態4
状態4：＿, P＿, R, →状態1

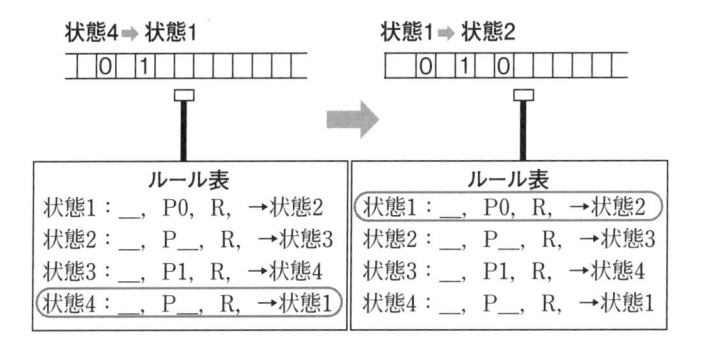

**図3-9　ルール表4行目、1行目にもどる**

印字するのにはわけがあり、それは後ほど明らかになります。

この動きの全体像を見てみると、

$$
\begin{array}{llllll}
\_^{1} & & & & & \\
0 & \_^{2} & & & & \\
0 & \_ & \_^{3} & & & \\
0 & \_ & 1 & \_^{4} & & \\
0 & \_ & 1 & \_ & \_^{1} & \\
0 & \_ & 1 & \_ & 0 & \_^{2} \\
\end{array}
$$
…………

と変化していきます。

■掛け算をするチューリング・マシン

次に、掛け算の例として4×2のチューリング・マシンを

87

考えてみましょう。先ほどの足し算と同じように、表したい数の分だけ1を並べて数を表した場合の掛け算を行うチューリング・マシンです。この場合も、掛け合わせたい2つの数をあらかじめテープに書いておくことが必要です。掛け合わせる2つの整数を区別するために、4と2は×という記号で区切り、テープ上には1111×11と書き込みます。

このチューリング・マシンのルールは、1111という塊を2つつなげるという考え方になります。つまり1111を2つつなげて11111111とすれば、確かに8になっています。同様に、4×3でしたら1111という塊を3つつなげると111111111111となり、これも確かに12になります。

この計算を行うチューリング・マシンは以下の通りです。

状態1を初期状態としてこのチューリング・マシンを実行させた過程と結果は、付録に掲載しましたので、時間がある時に一度チャレンジしてみてください。

このチューリング・マシンのからくりは、次のようになっています。

動作としては、×の右側の数（この例では2）だけ、×の左側の塊（この例では4）を書くことになります。

①左端を認識するためにまず最初に左端に＊を印字する
②×の右側の数を数える
　（i）右端の1を認識するまでヘッドを右へ動かす。そのと

第3章　オートマトンとチューリング・マシン

| チューリング・マシン | 説明 |
|---|---|
| 1　状態1：1, P1, L,<br>→状態2 | |
| 2　状態2：_, P*, R,<br>→状態3 | 左端の空白を*に書き換える |
| 3　状態3：_, P_, L,<br>→状態4 | 右端の空白を読み取るまで |
| 4　状態3：*, P*, R,<br>→状態3 | 読み飛ばし |
| 5　状態3：1, P1, R,<br>→状態3 | ×の左側の1を読み飛ばす |
| 6　状態3：×, P×, R,<br>→状態3 | ×記号を見つけたら×記号を書く（読み飛ばし） |
| 7　状態3：A, PA, R,<br>→状態3 | A記号を見つけたらA記号を書く（読み飛ばし） |
| 8　状態4：1, P_, L,<br>→状態5 | 右端の1を空白に替える |
| 9　状態4：×, P×, L,<br>→状態10 | 状態4で×を読み取るということは右側の1は全て数え終わり、掛け算は終わったということで状態10へ |
| 10　状態5：1, P1, L,<br>→状態5 | |
| 11　状態5：×, P×, L,<br>→状態6 | |
| 12　状態6：*, P*, R,<br>→状態9 | *を見つけたら状態9へ |
| 13　状態6：1, PA, L,<br>→状態7 | ×の左側の1をAに替えて左へ移動 |
| 14　状態6：A, PA, L,<br>→状態6 | |
| 15　状態7：_, P1, R,<br>→状態8 | |
| 16　状態7：*, P*, L,<br>→状態7 | |

89

| 17 | 状態7：1, P1, L, →状態7 | |
| --- | --- | --- |
| 18 | 状態8：*, P*, R, →状態8 | |
| 19 | 状態8：1, P1, R, →状態8 | |
| 20 | 状態8：×, P×, L, →状態6 | 状態8～6のループ×の左側の数 |
| 21 | 状態8：A, PA, R, →状態8 | |
| 22 | 状態9：_, P_, L, →状態4 | 右端の空白を読み取ると状態4へ |
| 23 | 状態9：1, P1, R, →状態9 | |
| 24 | 状態9：×, P×, R, →状態9 | |
| 25 | 状態9：A, P1, R, →状態9 | Aを1に戻す |
| 26 | 状態10：*, P_, R, →状態11 | |
| 27 | 状態10：1, P1, L, →状態10 | ×の左側の1を読み飛ばす |
| 28 | 状態11：_, P_, N, →状態12 | |
| 29 | 状態11：1, P_, R, →状態11 | |
| 30 | 状態11：×, P_, R, →状態11 | |
| 31 | 状態11：A, P_, R, →状態11 | |
| 32 | 状態12：終わり | |

第3章　オートマトンとチューリング・マシン

き、その間の記号は書き換えません。事実上は読み飛ばすことに相当しますが、手順上では読み取った記号と同じものをそのマス目に書き込んでいます（5行目）。
(ⅱ)右端の1を見つけたらそれを空白で書き換える（これで×の右側の数を1つ数えたことになる）（8行目）。
③×の左側の数を数える
(ⅰ)×の左側の1を1つだけAに書き換える。状態6～8が何回も繰り返されますが、そのときに、×の左側の1がAに書き換わるたびに、状態7～8で＊の左側に1が印字されていくのが分かります。つまりAに書き換えられた1は数えられたと認識されることになります。
(ⅱ)×の左側の1が全てAに書き換わった後、＊の左にAと同じ数だけ1が印字されます。1つ目の塊の数だけ1が書かれたことになります。この状態で＊の左が4と認識されます。
(ⅲ)×の左側のAを全て1に戻す（状態9）。
(ⅳ)右端の空白を読み取ると状態4へ戻る。×の右側に1がある限り②と③の手順を繰り返す。×の右の1がなくなると「状態4で×を読み取るということは右側の1は全て数え終わり、掛け算は終わったということで状態10へ（9行目）」ということになるので状態10へ。
④この時点で掛け算自体は終わり、＊の左側に掛け算した答えの数だけ1が印字されている。状態10以降は、＊の

右側の全ての1と*を消す作業に入る。

　ちょっと大変でしたね。ちょっとした掛け算を行うにも、チューリング・マシンは「状態」に応じて、入ってきた外からの刺激によってその状態を少しずつ変えていくことが分かっていただけたと思います。これがチューリング・マシンの計算なのです。

■**チューリング・マシンの計算はなぜこんなに大変なのか？**
　計算ばかりで頭が疲れたと思うので、少しお休みしましょう。このような計算方法では、効率が非常に悪いのは分かるかと思います。では、なぜこのような大変な手間をかけるのでしょうか？
　掛け算1つ行うのにこんなに大変なことをしなくても……と思う人もいるかもしれません。しかし、チューリングの最終的な目的は何だったのでしょうか？　それは、「何かの式（証明すべきことがら）が与えられたら、それが証明できるかできないかを機械的に判断することができるか？」という問題に対する答えを導くことでした。チューリングはこれを「何かの式（証明すべきことがら）が与えられたら、それを計算するアルゴリズムはあるか？」という問題に置き換えて考えました。
　そこで、チューリングは「計算できるということはどういうことか？」を考えました。そして、「計算できる」ということは「アルゴリズムで書き表すことができること」すなわち「チューリング・マシンで記述できること」であ

ると定義しました。チューリング・マシンはそのために、全ての計算を細かいパーツに分けて記述したのです。チューリング・マシンの1つのステップが非常に細かいのはこういうわけなのです。

■チューリング・マシンで記述できるものがアルゴリズム！
「チューリング・マシンによって記述できるものをアルゴリズムと呼ぶことにする」
「人間（またはコンピュータ）が実行できるアルゴリズムは、チューリング・マシンで実行できる」
ということです。

　実はこのことは、数学的な証明はされていません。しかし、このことは、「チャーチ＝チューリングの提唱」として知られていて、1936年にチャーチが定式化しています。証明することはできないけれど、十分に正しいと信じられるので証明とは呼ばれず提唱と呼ばれているのです。この提唱は哲学的な仮説であるということもできます。

　本書で紹介するチューリングの計算理論の1つ目、「解きたい問題が正しいアルゴリズムとして記述されれば、必ずコンピュータで計算できる」という理論の説明に一歩近づきました。

　チューリング・マシンで記述できればそれはアルゴリズムなのですから、チューリング・マシンで記述できるものは全て「コンピュータで計算できる」ということが言えれば、「解きたい問題が正しいアルゴリズムとして記述され

れば必ずコンピュータで計算できる」ということが言えるわけです。

■チューリング・マシンで記述できるものは「計算できる」

では「**計算できる**」ということはどういうことなのでしょうか？ チューリングは、解きたい問題が「有限の手段」で表せればそれは必ずチューリング・マシンで記述することができること、そしてそれは「計算できる」ということである、と定義しました。有限の手段で表すというのは、計算する手順（アルゴリズム）を有限個の計算プロセスで書き表すことができるという意味です。

これは「計算できることと、できないこと」を厳密に定義する上で、とても重要な概念です。有限の手段と言えばアルゴリズムですから、結局はアルゴリズムとして記述することができるものは、何でもチューリング・マシンで記述ができ、記述ができるということは「計算できる」ということになります。とはいえ、ちょっと狐につままれたような気がするかもしれませんので、「有限の手段」ということについてもう少し見ていくことにしましょう。

■無限なのに有限？？？

1/3やπという数はそれ自体を数値で表すと、有限ではないですね？ 1/3を小数で表現すれば0.333333…、πは3.14159…ですね。では1/3は計算できないのでしょうか？ そうではありません。1/3やπは計算できるのです。

第3章　オートマトンとチューリング・マシン

　小数を使って書き表そうとすると確かに有限ではありませんが、実は、1/3やπを計算する手順（アルゴリズムといってもいいでしょう）は有限個の計算手順で書き表すことができます。アルゴリズムを実行した結果を表記すると、たまたま無限小数になってしまっただけで、その数自体を導くアルゴリズムが有限個の手順で表せる場合には、それは計算できると言ってよいのです。このとき、アルゴリズムの実行が無限に続いてもよいのです。

　実際、1/3やπは有限個のアルゴリズムで書けますが、実行は無限に続きます。それは構わないのです。その数自体を書き表すのは無限でも、その数を導く手順は有限で表せるということです。したがって、<u>1/3は計算可能な数</u>なのです。

## ■3分の1を計算するアルゴリズム

　それでは計算できるアルゴリズムとして、1/3を計算するアルゴリズムを紹介しましょう。なぜ1/3を計算するアルゴリズムが急に出てきたかというと、実はすでに皆さんは一度このアルゴリズムを見ているからです。85ページで0と1を交互に印字するチューリング・マシンを紹介しました。

01010101…

　実はこれが1/3の正体なのです。この01の並びの前に小数点をつけた、0.01010101…というのは2進法で言う1/3

を表しています。

　これは２進表現された数ですから、10進法で表すとどうなるかと言えば、整数の桁と同じように考えて、小数点以下は対応する桁の数を掛けて、それらを足していきます。小数点のすぐ右の小数第１位は1/2の位（２進法なので２で割っていきます）で、小数第２位は1/4の位になり、以下同様に順次２で割っていきます。そして

$$0.\underset{\times}{0}\ \underset{\times}{1}\ \underset{\times}{0}\ \underset{\times}{1}\ \underset{\times}{0}\ \underset{\times}{1}$$
$$1/2\ \ 1/4\ \ 1/8\ \ 1/16\ \ 1/32\ \ 1/64$$

の各桁の１に相当するところの数を掛けて足すとどうなるかといえば、

$$1/4 + 1/16 = 0.3125$$
$$1/4 + 1/16 + 1/64 = 0.328125$$

というようにだんだん1/3に近づいていきます。つまり、0.01010101…というのは２進表現の1/3を表しています。

　何が言いたいかと言えば、この数字の並びは85ページで紹介した４行のチューリング・マシンで計算ができるということです。手順はたった４行でしたから、有限の手段で表せることはお分かりでしょう。ということで1/3を表現するアルゴリズムは計算できると言っていいのです。「1/3は単に１割る３を計算するだけなのだから、当たり前

ではないか！」と思われそうですが、ここで言う「計算できる」ということは、四則演算的な「計算」ではなく、「アルゴリズムを有限の手順で書き表すことができること」なのです。「計算」とは「ある状態が外からの刺激によって変化して状態が変わること」であると説明しましたが、それが「できる」ということは、「ある状態が外からの刺激によって変化して状態が変わること」が有限の手順で書き表せると言ってよいでしょう。

## ■チューリング・マシンはいくつあるのか？

「（非常に多くのステップを踏むけれども）アルゴリズムで記述できるものが計算できる」と定義したあとに、次にチューリングが考えたのは、チューリング・マシンで記述できるアルゴリズムはいくつあるかということでした。計算できるアルゴリズムがいくつあるかが分かれば、計算できることとできないことを区別できると思ったのかもしれません。そのことについて簡単に概要を説明したいと思います。

　2進表現で1/3を表現するチューリング・マシンができました。1/3は計算できるということが分かりました。足し算をするチューリング・マシン、掛け算をするチューリング・マシンもありました。しかし、ある特定の計算をするためのチューリング・マシンはその目的以外のことはできません。足し算をするチューリング・マシンはその目的しか達成しません。これでは、歯車の計算機と同じことになってしまいます。何かほかのことを計算させたい場合に

は、別のチューリング・マシンを作らなくてはなりません。しかし、有限の手順で書き表すことができれば、それは必ずチューリング・マシンで記述できるし、それは「計算できる」と言ってよいということは変わりません。

　また、異なる手順でも同じ結果を生み出すことがあることも重要です。2進表現で1/3を表現するチューリング・マシンを紹介しましたが、1を3で割って2進表現するという手順を記述するアルゴリズムを書けば、それは先ほど紹介したアルゴリズムとは別のアルゴリズムですが、結果は同じになります。チューリングは世の中に存在するアルゴリズムを自然数に1対1対応させて、アルゴリズムを数えるなんていうこともしました。

■アルゴリズムを整数で表すとは？
　世の中にアルゴリズムはいくつあるのか？　それを示すために、チューリングはチューリング・マシンを記述する表の表現方法を変形して整数で表すことにします。結果から先に言うと、先ほど紹介した0と1を1マス置きに印字する機械

状態1 ： _，P0，R，→状態2
状態2 ： _，P_，R，→状態3
状態3 ： _，P1，R，→状態4
状態4 ： _，P_，R，→状態1

は、313325311731133531117311133225311117311113353 1と

第3章　オートマトンとチューリング・マシン

いう整数になります！

　どうしてこのようなとてつもなく長い整数になるのか……そのからくりを巻末の付録に示しましたので、からくりを知りたい人はご覧ください。

　アルゴリズムを整数で表すことができるようになりました。つまり、全てのアルゴリズムを異なった整数で表すことが可能になりました。そうすると、チューリング・マシンは有限の存在なので、数えることができるはず……つまり、存在するアルゴリズムの数を全て数えることができ、そのリストを作ることができるはずと考えることができます。

　世の中に存在する全てのアルゴリズムは整数で表され、異なった番号を振ることができるというのが重要です。つまり「計算できる」ということは整数で番号を振ることができるということです。したがって「計算できない」ということは整数で番号を振ることができない、またはアルゴリズムのリストには存在しないということです。

## ■未来のソフトウェアも数え上げられる

　これを現実のプログラムに対応させてみましょう。例えばコンピュータ上のあるブラウザの実行ファイルのサイズはおよそ100MB（メガバイト）と表示されています。プログラムの実行ファイルは0と1の羅列です。これをビットになおします。1KB＝$2^{10}$×8ビット、1MB＝$2^{10}$KBとおけば100×1024×1024×8＝838860800ビットとなり、これ

を10進法で表すと、だいたい252500000桁ほどになります。2.5億桁というとてつもなく大きな数ですが、それでも有限な整数です。

このように考えると、これから作られるであろうプログラムの手順を示す記述数も、必ずいずれかの整数になるはずです。まだ存在していないプログラムを表す数はすでに存在しているというのは驚きです。

チューリング・マシンは1つのことを行うにも非常に手間がかかりましたが、それは「計算できる」とはどういうことかを示すために「計算できる手順を全て数え上げたい」というチューリングの考えがあったからなのです。さて、計算できる手順を全て数え上げることができて、何が嬉しかったのでしょうか？　それは、「計算できる」ことが全て分かれば「計算できないこと」も分かります。そうすれば「計算できるか、できないかをチェックするアルゴリズムが存在するかが、分かってくる」という論法です。そこで、再び「計算できる」と「計算できない」の話に戻りましょう。

■できるとできないをなぜ区別する？

チューリングはヒルベルトの「決定問題」の否定的解決のために、計算できる全ての手順を数え上げました。でも「計算できること」と「計算できないこと」が分かれば、それ以外にもありがたいことがあります。それは、どうやっても解けないと分かっている問題について解こうとすることは、解けない問題にチャレンジするという目的以外で

なければ、もっとほかのことに労力を費やした方がよいということになるからです。その他、以下のような効果を生みます。

(1) 少なくとも、機械的な手順では解決できないことが分かる問題に関しては、無駄な労力を費やさずにすむ。
(2) 機械的な手順で計算できることは分かっているけれども、短時間では計算できないことが分かる問題に関しては、もっと短時間で計算できる方法があるか探すか、そうでなければ他の方法を選択する。
(3) 機械的な手順で、かつ短時間で計算できることが分かっている問題に関してだけは、すぐに実行しても無駄な労力にはならない。

「計算できる」と「計算できない」を区別することで、何が計算できないかが明らかになるということは、今日のコンピュータで解けないということだけでなく、未来のコンピュータでも解くことができない、コンピュータの性能がよくなっても状況は変わらないことを意味しています。その意味でも「計算できる」「計算できない」問答は今日の科学技術の進歩の上でも非常に有用なのです。

■チューリング・マシンはソフトウェア？
　チューリング・マシンなんていうとはるか昔に発明されたとても難しい概念で、自分とはあまり関係ない世界と思うでしょうけれども、そうでもありません。私たちの周り

にはチューリング・マシンがたくさんあります。なぜなら、有限の手順で書き表すことができる機械全てがチューリング・マシンだからです。

最近は関数電卓などという高級な電卓もありますが、ここでは四則演算だけしかできない電卓を考えましょう。四則演算しかできない電卓はそれ以外の用途には使えませんが、四則演算だけはできるように作られているので、1つのチューリング・マシンと言ってよいのです。

それなら何だっていけそうです。毎日使っているスクリーンセイバーもそうでしょう。スクリーンセイバーを実行するソフトウェアはスクリーンセイバーのためだけに作られていて、ほかのことはできませんから1つのチューリング・マシンと言ってよいでしょう。Webブラウザもそうです。みなさんが大好きなゲームもそうでしょう？　あるゲームのソフトウェアでほかのゲームはできません。身の回りにはチューリング・マシンがたくさんです！

よく考えてみると、ゲームやスクリーンセイバーやWebブラウザって**ソフトウェア**じゃないの？　そうです。コンピュータのソフトウェアなのです。では、チューリング・マシンはソフトウェアなのですか？　そうです。ソフトウェアって、ある目的を持って作られた、そして有限の手順で表せるでしょう。

あれ、チューリング・マシンはコンピュータを支える計算理論ではなかったのか？　ソフトウェアだったのか？　いえいえ、チューリング・マシン自体は数学的な仮想機械ですが、アルゴリズムをプログラム言語を使って書いたも

のがソフトウェアなので、理論的に考えればチューリング・マシンはソフトウェアであると言っておかしくないのです。

## ■コンピュータはチューリング・マシンか？

それでは、コンピュータはチューリング・マシンなのか？　そうでないのか？　という疑問が次に出てきますね。答えは、コンピュータはチューリング・マシンですが、チューリング・マシンではありません。どういうことでしょうか？

ここまで説明してきた「ある1つの目的を持ったチューリング・マシン」はソフトウェアであって、現在のコンピュータではありません。ソフトウェアは飽くまでも「**単能チューリング・マシン**」ですが、コンピュータは「単能チューリング・マシン」ではないということです。コンピュータは「**万能チューリング・マシン**」です。つまりは、いろいろなことができるということです。ゲームだけできてもコンピュータではないのです。しかし、そうではなく、どんな計算でもできる1つのチューリング・マシンを作り出すことが可能なのです。それは「万能チューリング・マシン」と呼ばれるもので、第5章で詳しく説明します。

その前に、チューリング・マシンを使って、全ての計算に番号を付けることで、チューリングはどのようにヒルベルトの決定問題に否定的解決を与えたのでしょうか？　その天才ならではの発想を鑑賞してみましょう。

# 第4章
# 決定問題

■できる、できない

　チューリングは、チューリング・マシンを紹介したかったわけではなかったということは先にも述べましたが、それではチューリングが本当に目指した、「決定問題への挑戦」とは何だったのかについて考えてみましょう。まず最初に言葉の定義をいくつかしておきます。

　今まで「計算できる」という言葉を使ってきました。いわゆる四則演算のことではなく、

**計算できる＝アルゴリズムで記述できる**

ということでした。この「計算できる」を言い換えると「**計算可能**」です。今後はこの「計算可能」という言葉を使うことにします。ある問題を解くアルゴリズムが存在するとき、その問題は「計算可能」であるということです。一方、問題を解くアルゴリズムが存在しないとき、その問題は「**計算不能**」と言います。

■YesかNoか？

　数学の問題の中で、答えとしてYesかNoだけを求める問題があります。10は2で割り切れるか？　という質問にはYesで答えますね。11は2で割り切れるか？　という質問にはNoで答えますね。そのような問題を「決定問題」と呼びます。「ヒルベルトの決定問題」はまさにこの問題のことです。答えとしてYesかNoだけを求めるある問題を解くアルゴリズムが存在するならば、その問題にはYesかNo

で答えられます。このとき、その問題は「決定可能」であると表現されます。これは、「決定問題が解ける」という表現をすることもあります。逆に、答えとしてYesかNoだけを求めるある決定問題が解けないことを「決定不能」と呼びます。

計算可能と決定可能という2つの言葉が出てきましたが、両者はどう違うのでしょうか？　実は、ある問題が計算可能であるかどうかを判定するために、その問題の形を変化させていって、最終的に決定問題の形、つまりYesかNoかで答えるような決定問題に変えることができます。つまり、計算可能かどうかは、最終的にその決定問題が決定可能かどうか判断することと同じことになるのです。

これは決定問題と、そうでない問題の間の話だけではありません。ある問題Aの形を変えて違う形にしていくことで、計算不能であることがすでに分かっている問題から別の計算不能な問題を導くこともできます。ある問題が決定可能であればその問題は計算可能とも言えますし、決定不能であればその問題は計算不能とも言えます。

■止まらないチューリング・マシンがある？

チューリングが最終的に解きたかったのは、ヒルベルトの決定問題です。ヒルベルトの時代の数学者たちは、「矛盾のまったくない数式の世界を作りたい」と夢見ていました。「あるパターンの数式で表せれば、その数式の世界の中で表せないことはない」そういう数式を求めていました。逆に言えば、「どのような数式の世界を作ったとして

も、その数式の世界の中で表せないことが存在する」ことが証明されれば、その数式の世界では証明できないことがあることになり、「矛盾の生じない数式の世界が作れる」という仮定が間違っているという意味になります。

この夢を確固たるものにするために、ヒルベルトは、「このような数式の世界で、何かの式が与えられたら、それが証明できるかできないかを機械的に判断することができるか？」という問いを投げかけます。機械的に判断できるとすれば、ヒルベルトの勝ち。機械的に判断できないとすればヒルベルトの負け……（誰と勝負しているわけでもありませんが、しいて言えば、数学との勝負でしょうか？）。

機械的に判断できるとは、そのようなアルゴリズムが存在することであり、機械的に判断できないとは、そのようなアルゴリズムは存在しないということです。

チューリングは、そういう数式は存在しないだろうと考え、それを証明したかったのです。そこでチューリングは、人間が記述できるアルゴリズムは全て記述できるチューリング・マシンを考案し、アルゴリズムで記述できるならばチューリング・マシンで記述することができる、ということを導きました。

これを数学の世界に照らし合わせてみましょう。チューリング・マシンに、数学に必要な公理や仮定をプログラムとして定義して、数式を変形する規則をルール表として設計します。そして、証明したい数式を記号化してテープで与えることで、数学における証明をチューリング・マシン

第4章　決定問題

で模倣することが可能です。数学は、結局のところ公理や仮定を元に、ルールに従って処理する世界ですから、数学の定理ならば少なくとも原理的にチューリング・マシンにも証明できることになります。チューリング・マシンはヒルベルトの描いた数学の世界を、理論的に実現しているのです。

　さあ、それではそのチューリング・マシンで、ある問題が証明できるか、できないかを機械的に判断できるのか？ チューリングはそれを解明したかったのです。そして、それに成功しました。

　チューリングは、解きたい問題が「有限の手段」で表せれば、それは必ずチューリング・マシンで記述することができること、そしてそれは「計算できる」ということであると定義したのですが、その中で、実行しても止まらないチューリング・マシンがあることに気づきました。そして、あるチューリング・マシンが「止まるか」「止まらないか」を決定する一般的方法を備えたチューリング・マシンを作れるかどうかを考えました。結果的にはそのようなチューリング・マシンは作れないのですが、この証明がヒルベルトの決定問題を否定することにつながったのです。これがチューリングのいちばんやりたかったことでした。

■嘘つきのパラドックス

「クレタ人は嘘つきだ」とクレタ人が言った。

もともとは新約聖書のテトスへの手紙第1章12〜13節にある話をもとに作られた文章ですが、どこがおかしいのでしょうか？　このパラドックスの前提には、クレタ人が全て嘘つきであるという前提が必要でしょうが、まず、その前提のもと、「クレタ人は嘘つきだ」という仮定をします。クレタ人は嘘つきなのですから、この言葉は嘘になります。するとこれは仮定に反します。パラドックス1です。
　では、「クレタ人は嘘つきではない」という仮定をします。クレタ人は嘘つきではないのですから、この言葉は本当です。でも内容は「クレタ人は嘘つきだ」ですから、クレタ人は嘘つきなのでしょうか？　そうではないのでしょうか？　分からない……。
　つまり、「仮定が間違っていたのだ!!」という理論です。これは背理法という数学ではよく使う理論です。この理論を使って、停止するか、停止しないかを判定するチューリング・マシンが作れないことを証明します。

■ 止まらないことは分からない

　あるチューリング・マシンが停止するか、停止しないかを判定することはできるのか？　どうしたらそんなことが判定できるかを、考えてみます。
　これを証明するために、最初に、指定されたチューリング・マシンが「停止するか、永遠に止まらずに動き続けるか」を判定してくれるチューリング・マシンが存在すると仮定します。結論から言えば、そういうチューリング・マシンは存在しないことになります。ここでは、**停止性判定**

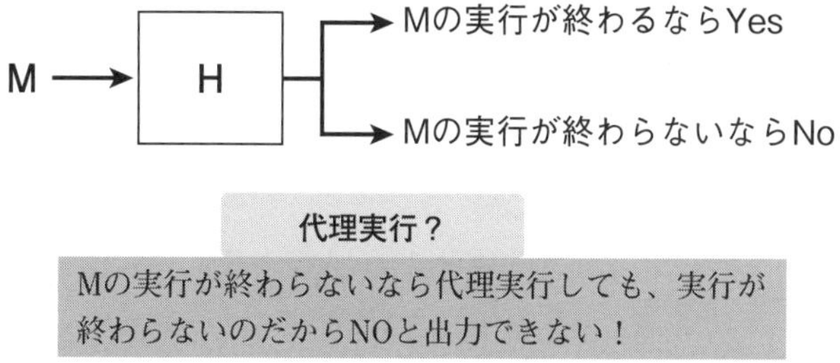

第4章　決定問題

M ━━▶ ┃ H ┃ ━━▶ Mの実行が終わるならYes
　　　　　　　 ━━▶ Mの実行が終わらないならNo

**代理実行？**
Mの実行が終わらないなら代理実行しても、実行が終わらないのだからNOと出力できない！

**図4-1　停止性判定チューリング・マシンH**

チューリング・マシンが作れないことに関して、チューリングが実際に行った証明を分かりやすく説明しましょう。

まず「停止するか、永遠に止まらずに動き続けるか」を判定してくれるチューリング・マシンをHと置きます。チューリング・マシンHは、入力されたチューリング・マシンMの実行が終わるならばYes、終わらないならばNoを出力することにします。図4-1のイメージです。

停止性判定チューリング・マシンHは、テープにある入力値をMから読み取り、「終わる」ならYes、「終わらない」ならNoを出力します。しかし、終わらないとしたら、当然ですがNoとは出力できません。それでも、数学の世界ではよくあることですが、仮定の上での議論をすることはできます。これを背理法といいます。どんな方法でHを作ればいいのかは分からないけれども、作ることができたと仮定します。Hというチューリング・マシンは存在するとしましょう。

その上で、次に考えるのは、チューリング・マシンHを

111

```
           ┌─────┐ ──→ Mの実行が終わるなら
  M ──→    │ H'  │     止まらない
           └─────┘ ──→ Mの実行が終わらないならNo
```

**図4-2　停止性判定チューリング・マシンH'**

少しだけ変更した、チューリング・マシンH'を作ります。そのチューリング・マシンH'というのは、

　　Mの実行が終わるなら、止まらない
　　Mの実行が終わらないなら、Noと出力して止まる

というものです（図4-2）。Hと違うのは、Mの実行が終わった時の処理だけなので、HにおいてYesと出力するようにしているルール表の部分を、無限ループとして与えればいいのです。

チューリング・マシンで無限ループを与えるのは簡単です。読み込んだテープが0でも1でも空白でも、0を書き込んで永久に右へヘッドを動かすというふうに書けばよいのです。

ということは、Mの実行が終わる場合は、H'は止まりません。Mの実行が終わらない場合は、H'はNoを出力して止まるはずなのです。

では次に、チューリング・マシンH'にH'自身を与えたらどうなるかということを考えます。

図4-3をよく見ます。チューリング・マシンH'に自分

```
H′ → [ H′ ] →  H′の実行が終わるなら
                止まらない
              → H′の実行が終わらないならNo
```

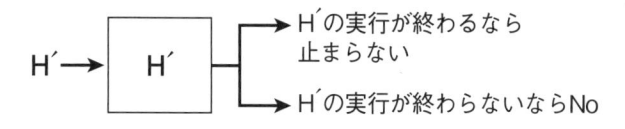

**図4-3　停止性判定チューリング・
　　　　マシンH′にH′を与えてみる**

自身H′を入力として与えた時、H′の実行が終わるならH′は止まらないし、H′の実行が終わらないならH′はNoと言って止まることになってしまいます……。これはどう考えても変です。矛盾が生じます。

クレタ人の場合と同じで、どうしてそんなことが起こるかといえば、それは最初にたてた、チューリング・マシンの停止性を判定できるチューリング・マシンHが作れるという仮定が違っていたのです。もし、この仮定が正しければ、このような矛盾は生じないのです。したがって、そのようなチューリング・マシンは存在しないのです。ということで「**停止性判定チューリング・マシンは作れない**」という結論になります。

チューリング・マシンが入力に対して「停止するか・しないか」は、判定できないことが分かりました。言い換えれば、停止判定問題は計算不能であることが分かりました。

チューリング・マシンの停止問題のほか、計算不能な問題として知られているものはたくさんあります。詳しくは文献を参照するとよいでしょう。

■**最終目的にたどり着いた……**

　この証明で、チューリングはやっと最終目的にたどり着きました。チューリングは「何かの式が与えられたら、それが証明できるかできないかを機械的に判断することができるか」というヒルベルトの決定問題を解きたかったのでしたね。最初チューリングは「計算できることと、できないこと」を分けて考えることから始めました。そして、「計算できる」とは、

　　**アルゴリズムで記述できること**
　　　**＝チューリング・マシンで記述できること**

と定義しました。

　しかし、チューリング・マシンで記述できても、「実行すると止まらない」ものがあることに気づきます。そこで、チューリングは、「止まるか止まらないかを、実行する前に判断できるチューリング・マシンは作れるか？」ということを考えたわけです。もし、作れないとすれば「機械的に判断することができない問題が存在する」ことになります。つまりは、「何かの式が与えられたら、それが証明できるかできないかを機械的に判断することができるか」に対する答えは「できない」ということが導かれたのです。

　ヒルベルトの決定問題については、チューリングがこの問題に解を与えた1936年よりも少し前の1931年にクルト・

## 第4章　決定問題

ゲーデルが「証明も反証もできない命題が存在する」ことを示しています。これは「**ゲーデルの不完全性定理**」として有名です。ゲーデルの証明と同じことなのですが、チューリングの場合はチューリング・マシンという独創的なアプローチを使ったところがユニークです。チューリング・マシンに1対1で整数を対応させたチューリングのアプローチは、実はゲーデルが不完全性定理の証明に使った、数式と数を1対1対応させる「ゲーデル数」という手法と似ています。1935年にチューリングが決定問題に興味を持ったのは、ニューマンからゲーデルの不完全性定理の証明についての講義を受けたときであることを考えれば、自然なことと考えられます。

# 第5章
# 万能チューリング・マシン

チューリングは、「アルゴリズムを書くことができない問題が存在する」ことを、チューリング・マシンを使って証明しました。しかし、たいへん興味深いことに、計算不能の存在を示すためのチューリング・マシンが、コンピュータの万能性を保証する数学的原理と考えられています。

　この数学モデルを万能チューリング・マシンと言い、第3章までで説明したオートマトンや（単能）チューリング・マシンの全ての機能をたった1台でこなしてしまうのです。この章では、万能チューリング・マシンについて、説明します。

■万能である＝物真似ができる

　チューリングの計算理論が現在のコンピュータの基礎理論であるゆえんは、その万能性（Universal nature）にあります。特定の目的を持って動くのではなく、1つの原理で全部カバーしてしまうという考え方です。では、どうやったらそんなことができるかを、考えてみましょう。

　もし万能性を持つチューリング・マシンがあったとしたら、何ができれば万能であると言えるでしょうか？　1つで全てができればいいということですね。1つのチューリング・マシンの上で、どんな単能チューリング・マシンの操作も実行できるものがあればよいのです！　それに必要な機能を一言で言えば「物真似」です。つまり、世の中にある全ての単能チューリング・マシンの行動を真似することができればいいのです。

## 第5章　万能チューリング・マシン

　単能のチューリング・マシンは、ソフトウェアであるということを先に述べました。プログラムと言ってもいいでしょう。それでは、万能チューリング・マシンのからくりを説明する前に、物真似をする万能チューリング・マシンの姿を、具体的なソフトウェアの例で見てみましょう。

　ゲームをするプログラム、スクリーンセイバーのプログラム、ブラウザを動かすプログラム……、これらの単能チューリング・マシンのプログラムの実行を代理で実行するプログラムがあったとしたら、それ1つで全ての単能チューリング・マシンの実行ができるのですから、これが万能チューリング・マシンです。

　現在のコンピュータは、そういうことが可能です。例を1つ上げてみます。Javaというプログラム言語はご存知でしょうか？　Javaというプログラム言語で書いたプログラムは、当然Javaが実行可能な環境で実行できます。では、Cという別のプログラム言語で、いかにもJavaで実行しているかのように、「Javaのプログラムを真似するプログラム」を書くことができるでしょうか？

　できます。Javaで書かれたプログラムを読み取って、それと同じ動きをするようなプログラムを書くことができます。

　簡単に説明するのはちょっと難しいのですが、JavaプログラムでCでの足し算の命令があるとしたら、Cでの足し算の命令に置き換えて実行するようなプログラムを書くのです。JavaからCへの命令の対応表みたいなものを作っておいて、Javaで書かれたプログラムを少しずつ見ながらCで

119

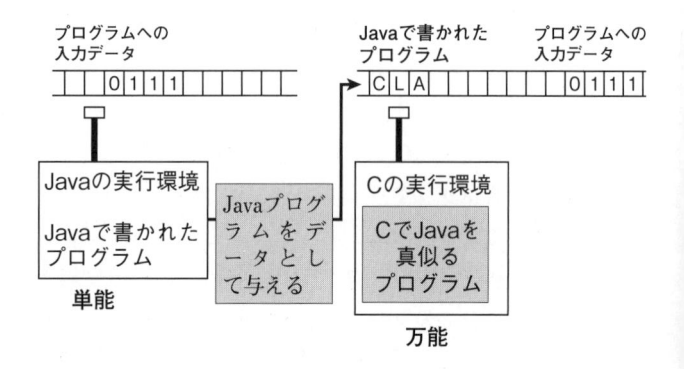

**図5-1　プログラムの代理実行**

実行できる命令に書き換えて実行してしまえばいいのです。図5-1のようなイメージです。私も実際に、プログラム言語は違いますが、そのような代理実行するプログラムを書いたこともあります。

■万能チューリング・マシンとは

万能チューリング・マシンを簡単に言えば、テープの先頭に単能チューリング・マシンの「プログラム（アルゴリズム）」を書いておけば、「そのチューリング・マシンを模倣するチューリング・マシン」のことです。図5-2にそのイメージを書きます。ある単能チューリング・マシンのプログラムを、もう1つのチューリング・マシンの分かる記号列に変換して、それを代理で実行する仕組みを、右の万能チューリング・マシンのプログラムとして与えればよいのです。したがって、万能チューリング・マシンのプロ

第5章　万能チューリング・マシン

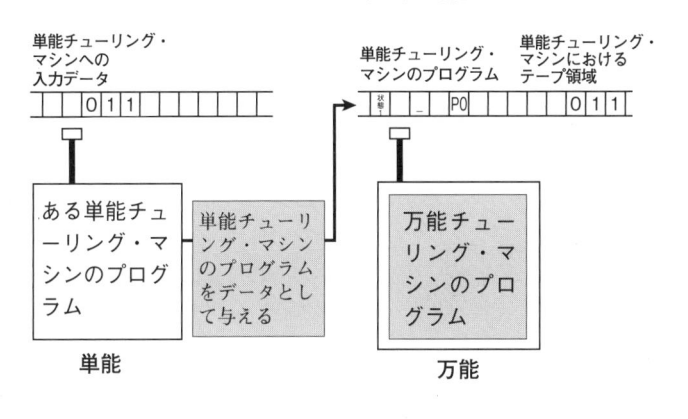

図5-2　万能チューリング・マシン

グラムは、記号列化された単能プログラムを代理実行して、単能チューリング・マシンと同じ動きをすることができる仕組みを実現したものです。

つまり、万能チューリング・マシンは物真似なので単能チューリング・マシンを代理実行できるという機能を備えていればよいということです。では具体的にどんな機能が必要かについて少しずつ見ていきます。

■物真似チューリング・マシンの仕組み

物真似の仕組みを、具体的に見てみましょう。

例として、0と1を1マス置きに印字する単能チューリング・マシンを万能チューリング・マシンで代理実行することを考えます。図5-3には、代理実行したい単能チューリング・マシンのプログラム（アルゴリズム）が、万能

121

**単能チューリング・マシンのプログラム**

| 状態1 | _ | P0 | R | 状態2 | ; | 状態2 | _ | P_ | R | 状態3 | ; |……

単能チューリング・マシンが
読み書きするテープ領域
……|@|0|1|1| | | | | |……

万能チューリング・
マシンのプログラム

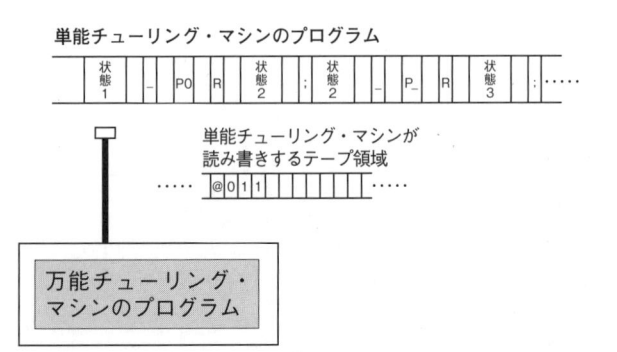

**図5-3　万能チューリング・マシンの代理実行の準備**

チューリング・マシンのテープ上に書かれている様子を示しています。今までの単能チューリング・マシンでは、プログラムは本体のルール表に書いてありましたが、万能チューリング・マシンはプログラムがテープ上に書かれています。単能チューリング・マシンのテープに書かれているのは0とか1の羅列なので、大きな違いがあるように見えますが、0と1の並びも、テープに書かれた単能チューリング・マシンの「状態1：0, P1, R, →状態1」のようなプログラムも、「文字列」であることには変わりありません。チューリング・マシンはテープのマス目に書かれている1つの文字を読み取って、それにしたがって状態を変更するわけですから、動きは変わらないのです。

プログラムは複数行ですが、これを1つのテープ上に書くわけですから、行と行の間を示すために；(セミコロン)を使うことにします。また、単能チューリング・マシ

第5章 万能チューリング・マシン

ンが読み書きするテープのための領域も、単能チューリング・マシンのプログラムの後に確保しておきます。単能チューリング・マシンのテープ領域であることを示すために、領域の最初に@で印を付けることにします。

それでは、なぜプログラムの各要素が、1マス置きに書かれているのでしょうか？　それは、代理実行するときに、万能チューリング・マシンが、これから実行すべき命令が何であるかを、テープのこの場所から検索して判断するときに印を付ける場所が必要だからなのです。1マス置きにテープ上に書いたのはそのためです。

■物真似の種明かし

いよいよ物真似の種明かし（？）をしましょう。実行の途中の様子を図で示していきますが、ややこしいのでテープだけにします。まず、テープは3つの領域に分かれます（図5-4）。最初の第1領域には、単能チューリング・マシンのプログラムが1行ごとに：で区切られて全て書き込まれています（※1）。念のためもう一度、ここに書いておきます。

　　　　　状態1：_, P0, R, →状態2
　　　　　状態2：_, P_, R, →状態3
　　　　　状態3：_, P1, R, →状態4
　　　　　状態4：_, P_, R, →状態1

言うなれば、ここは物真似の「アンチョコ」が書いてある

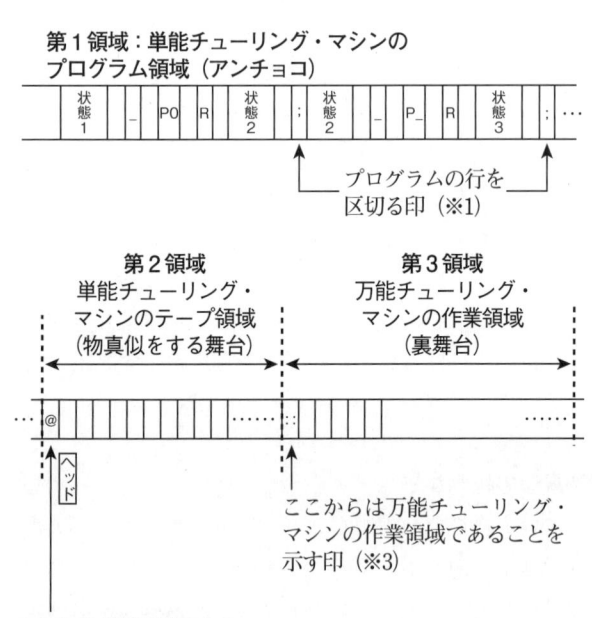

**第1領域：単能チューリング・マシンの
プログラム領域（アンチョコ）**

| 状態1 | _ | P0 | R | 状態2 | ; | 状態2 | _ | P_ | R | 状態3 | ; | … |

　　　　　　　　　　　　　　　　　　└─ プログラムの行を
　　　　　　　　　　　　　　　　　　　　区切る印（※1）

**第2領域**
単能チューリング・
マシンのテープ領域
（物真似をする舞台）

**第3領域**
万能チューリング・
マシンの作業領域
（裏舞台）

…|@|　|　|　|　|　|　|　|　|　|　|……|::|　|　|　|　|……

↑ヘッド

　　　　　　　　　　↑
　　　　　　　　ここからは万能チューリング・
　　　　　　　　マシンの作業領域であることを
　　　　　　　　示す印（※3）

ここからが読み書きする
テープ領域であることを示す印（※2）

**図5-4　万能チューリング・マシン（初期状態）**

ようなものです。

　次の第2領域は、真似をする単能チューリング・マシンが読み書きするテープ領域です。ここが、物真似をする「舞台」と言えばよいでしょうか。この領域の区切りは、@で示されているのでした（※2）。

　第3領域は、万能チューリング・マシンの作業領域です。この領域は::で区切られています（※3）。物真似の

*124*

第5章　万能チューリング・マシン

「裏舞台」というわけです。

それでは、動きを見ていきましょう。

物真似の第1は単能チューリング・マシンのテープ、つまり第2領域の読み取りです。実行の最初、ヘッドは@のすぐ右にあるので、そのテープを読み取ると「状態1」で「空白」です。そこで図5-5の①に示したとおり、裏舞台である第3領域に「状態1」と、読み取ったテープの内容「空白」が書き込まれます。

では、「状態1」で「空白」の時に何をしたらよいのか、万能チューリング・マシンはどうやって判断するのでしょうか？　それは、アンチョコである第1領域に書いてあるはずです。そこで、まず第3領域に書き込んだ「状態

読み取ったテープは
「状態1」で「空白」

①最初に実行されるべき状態と読み取ったテープの内容が、1マス置きにここに書き込まれる

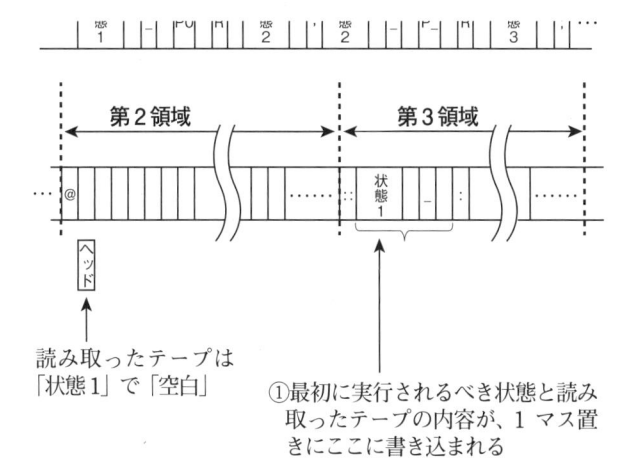

**図5-5　万能チューリング・マシンの実行1**

125

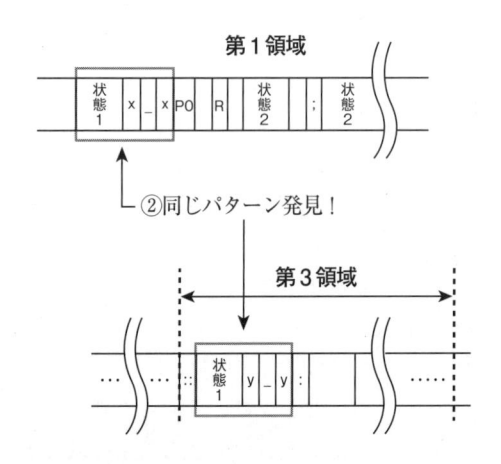

**図5-6　万能チューリング・マシンの実行2**

1」と「空白」に目印を付け、第1領域にある同様のパターン、つまり「状態1」で「空白」を探しに行きます。目印はなんでもよいのですが、ここではどちらもyとしておきます。

　第1領域の単能チューリング・マシンのプログラムの「状態1」と「空白」に、第3領域と同様、目印としてxを印字して比較します。比較を行って実行すべきパターンがマッチしたら、ここが実行すべき場所だということが認識できるわけです（図5-6の②）。

■いざ代理実行！
　実行すべきプログラムがめでたく見つかったので、そのプログラムの部分を実行すればよいのです（図5-7の③）。

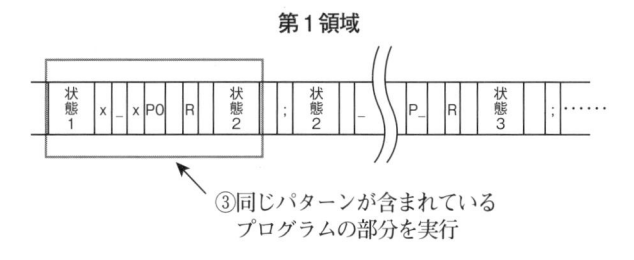

第5章 万能チューリング・マシン

**第1領域**

| 状態1 | x | _ | x | P0 | R | 状態2 | | ; | 状態2 | | _ | | P_ | R | 状態3 | | ; | …… |

③同じパターンが含まれている
プログラムの部分を実行

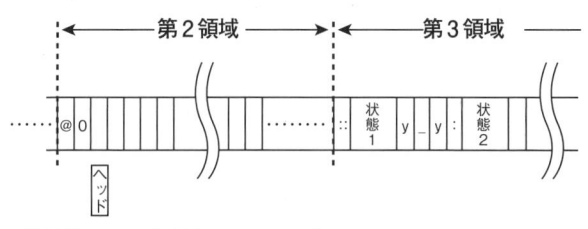

◄── 第2領域 ──►◄── 第3領域 ──

……| @ | 0 | | | …… | | :: | 状態1 | y | _ | y | : | 状態2 |

ヘッド

④状態1で0を印字してヘッドを
右に動かした状態

**図5-7　万能チューリング・マシンの実行3**

舞台に出ましょう。「状態1」で読み取った記号が「空白」であることは裏舞台で確認済みですので、アンチョコから、xの付いている文字の右側にある部分を読み取ります。まずはP0という文字が読み取れます。これは印字すべき文字は0ということですから、図5-7の④で示す通り、0を印字します。印字が済んだら今度はアンチョコからまた次の文字を読み取ると、Rです。ヘッドを動かす方向は右ということですから、舞台上ではヘッドが右に動きます。次にまたアンチョコを見ると、移るべき状態は状態

*127*

2であるということがわかるので、状態2に遷移するのですが、それは裏舞台に書き込みます。

ここまでが、

$$状態1：\_, P0, R, →状態2$$

を実行した状態です。

次に、また舞台のヘッドが示す部分の記号を読み取るところに戻ります。

このように、第1領域に書き込まれたプログラムの結果が第2領域に示され、第3領域には万能チューリング・マシンの動いた経過が残されていくわけです。

## ■コンピュータはチューリング・マシンなのか？

ここまでで、やっとチューリング・マシンの動きを理解し、全てのチューリング・マシンの物真似ができる1つのチューリング・マシンが存在することが分かったと思います。現代のコンピュータも、スクリーンセイバーしかできないわけではないですし、文書作成しかできないわけではなく、1台のコンピュータでいろいろなことができるわけです。その意味で万能チューリング・マシンは現代のコンピュータそのものなのですが、万能チューリング・マシンがなぜ現代のコンピュータと言っていいのか、もう少し考えてみましょう。それには少しプログラムのような概念が必要ですが、それほど難しくはないのでおつきあいください。

第5章　万能チューリング・マシン

　現代のコンピュータで、万能チューリング・マシンを実現できればいいわけです。現代のコンピュータは、チューリング・マシンと同じで、記述されているアルゴリズムが実行できる仕組みと記憶装置を合わせたものです。現代のコンピュータではアルゴリズムはプログラム言語によって「プログラム」として表されていますので、言い換えれば「プログラムが実行できる仕組みと記憶装置」を備えていればいいのです。これだけあれば本当に万能チューリング・マシンが実現できるのでしょうか？　その通り、万能チューリング・マシンを作ることができます。

　プログラムというのは、コンピュータがアルゴリズムを実行する手順なので、日本語の文章で表すこともできます。実際、日本語プログラム言語というものもいくつか存在していますから、日本語の文章で表してもちっともおかしくないのです。物理的に（日本語の文章で書いた）プログラムを実行するにはどうしたらいいのかについては別の機会で説明するとして、ここでは万能チューリング・マシンを日本語の文章で表してみましょう。

## ■チューリング・マシンを日本語で書いてみよう

　　　　　状態1：_,　P0, R,　→状態2
　　　　　状態1：@,　  , N,　→終了
　　　　　状態2：_,　P1, R,　→状態1
　　　　　状態2：@,　  , N,　→終了

おなじみの0と1を印字するチューリング・マシンですが、これだけを日本語で表しても第3章の説明と同じになってしまうのでもう少し複雑にします。といっても2行目と4行目を、読み取ったテープの記号が@であったら終了へ移るという命令に書き換えただけです。0と1を（1マス置きではなく）交互に印字し、@があったらそこで停止するというチューリング・マシンです。テープの中身は空白か@であるものとします。それ以外の記号は入らないということにします。

　このチューリング・マシンの実行を考えると、

　　(1)現在の状態と、
　　(2)ヘッドから読み取ったテープの記号にしたがって、
　　(3)記号を印字し、
　　(4)ヘッドを移動して、
　　(5)次の状態へ移る

という5つの主要な要素がありました。これを表現できればよさそうです。

■ヘッドの場所と動きを表そう
　そこで「ヘッドの場所」を表すためのIという名前の箱を用います。ヘッドが最初のマスを指していればIには1が入り、右に移るときにIに1を加え、左に移るときにはIから1を減らすようにするのです。この箱は現代のコン

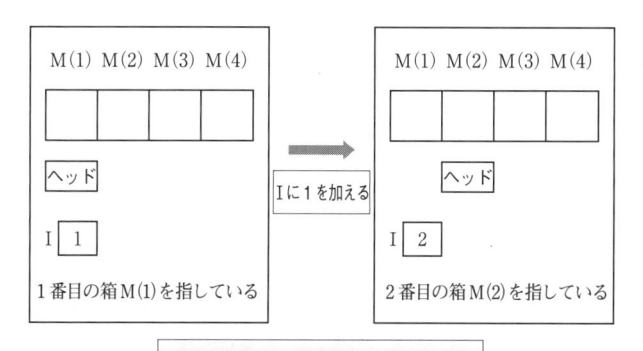

第5章　万能チューリング・マシン

**図5-8　ヘッドを1つ右に動かす命令とその実行**

ピュータでは「変数」と呼ばれます。

(2)ヘッドがマスの記号を読み取って(3)印字するために、記憶装置を利用します。チューリング・マシンのテープを実現したものです。0、空白、1を記憶する装置M(1)、M(2)、M(3)、…を用意します。図5-8では4つしかマスがありませんが、右に増設は可能です。このとき、括弧の中は、ヘッドが指し示す箱の番号を示しています。Iが1のときは、ヘッドはM(1)の箱のところにいます（左の図）。その後、「Iに1を加える」という命令を実行すると、右の図のようにヘッドが右に1つ移動します。つまり、ヘッドを1つ右に動かすことを、「Iの値に1を加える」という命令で表したわけです。

図の中央にある「Iに1を加える」というのが1つの命

令を表しています。

### ■条件分岐

また、ヘッドが指し示す箱の中身が何かを調べ、その中身にしたがって「空白であれば0を書き込む」のような処理は図5-9のように表せます。

M(I)の中身が空白かどうか聞いています。Iの現在の値はヘッドが指している箱の番号を表していますから、Iの番号によってヘッドが指し示すマスの中を示すことが可能です。図ですと、ヘッドの指し示すのはI=1の状態、1番目の箱M(1)ということになります。中身は空白なので、0が入ります。「M(I)の中身が空白であったら」という条件を満たした場合（これをYesで表している）にその箱に0が入ります。この条件を満たさない場合（これをNoで表している）、このプログラムでは@であるときのことで

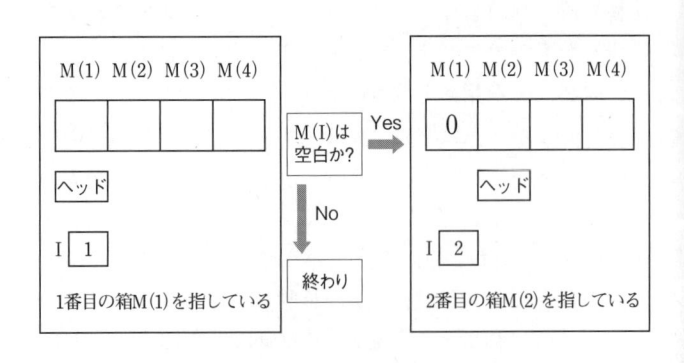

**図5-9　文字の読み書き**

第5章　万能チューリング・マシン

```
 M(1) M(2) M(3) M(4)
┌───┬───┬───┬───┐
│   │   │   │ @ │
└───┴───┴───┴───┘
┌───┐
│ヘッド│
└───┘
  ┌─┐
I │1│
  └─┘
1番目の箱M(1)を指している
```

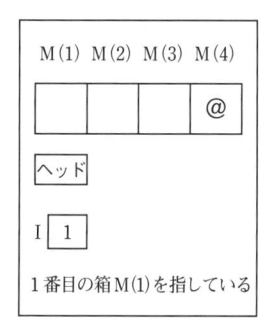

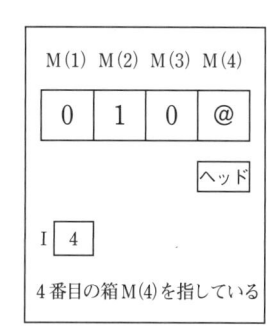

```
 M(1) M(2) M(3) M(4)
┌───┬───┬───┬───┐
│ 0 │ 1 │ 0 │ @ │
└───┴───┴───┴───┘
              ┌───┐
              │ヘッド│
              └───┘
  ┌─┐
I │4│
  └─┘
4番目の箱M(4)を指している
```

**図5-10　開始状態（左）と終了状態（右）**

すが、そこでプログラムが終わることになります。

開始状態のようなテープを模倣した箱M(1)からM(4)を用意して、同様にプログラムを実行すれば、テープM(I)の中身を見て、空白であればM(I)に0か1を書き込み、@を読み取った時点で終了し、終了状態のようになります（図5-10）。つまり、チューリング・マシンを現代のコンピュータでも実行できることが示されました。万能チューリング・マシンとは、全てのチューリング・マシンを実行できる機能をチューリング・マシンで表現しているわけですから、万能チューリング・マシンもプログラムで表すことができます。ですから、現代のコンピュータで実行できるというわけです。これが、万能チューリング・マシンが現代のコンピュータの基礎理論である所以なのです。

■プログラムを奇麗に書くために

　第3章では単能チューリング・マシンでいろいろな計算ができることが分かりました。しかし、1行で実行できることはテープを1マス読み書きしてヘッドを左右どちらかへ動かすということだけです。掛け算をするにも12の状態があり、全ての場合を書き表すと30行以上にもなりました。チューリング・マシンはもっと複雑な処理を行うことが可能ですが、複雑になればなるほど状態の数も増えますし命令の行数も多くなります。

　ちょっとのことをするにも、かなり複雑な動きをしていました。万能チューリング・マシンが備えるべき機能は上記で紹介した基本的な機能ですが、紹介した単能チューリング・マシンに比べればもっと複雑な処理になります。そうなると、プログラムの行数は多く、煩雑になってしまいますね。それは困ったことです。複雑ですとプログラムを書くときにまちがいも起こりやすいですし、書かれたプログラムを追っていくにも手間がかかります。間違いが起こりにくく、もう少し効率よくプログラムを書いたり読んだりできないものでしょうか。

■決まった処理をまとめる

　そのような工夫はできます。例えば、複雑な処理を行うようになると、ある決まった形の処理が現れてきます。まったく同じ処理の場合もありますが、少し形を変えて現れることが多いのです。同じような処理をまとめて名前を付けて管理することで、プログラムが奇麗になります。これ

第5章　万能チューリング・マシン

は日常生活の中でもあるのではないでしょうか？
　毎日の生活を時間軸で表してみましょう。

6:00　起きてベッドメイキング、着替え、顔を洗う、化粧水を付ける、乳液を付ける
7:00　パン、卵料理、飲み物、フルーツを食べる
8:00　出かける支度をして大学へ出発、電車に乗る、電車からおりる、大学へ歩く
9:00　大学到着
9:15　A10教室へ行く。英語の授業

　ここまで、今のチューリング・マシンの書き方を倣って細かい単位でスケジュールを書いてみましたが、普通はこんな書き方はしませんね。細かい決まった作業をまとめて名前を付けることができます。
　6:00の「起きてベッドメイキング、着替え、顔を洗う、化粧水を付ける、乳液を付ける」は「起床、着替え、洗顔」と名付けられます。同様に7:00は「朝食」、8:00は「出発、通学」などと表せます。「A10教室へ行く。英語の授業」は「１時間目」と書けば十分でしょう。名前を付けておけば、スケジュールのほかの場所に同じ行動を書くときには、時間が違ってもその名前を書いておけば通じるのです。
　これらの例と同じように、プログラムの世界でもある決まった形が出てくる場合に、その処理をまとめて名前を付けることがあります。チューリングは何度も同じことをす

る処理をまとめて「骨組み表（skeleton table）」を作りました。チューリングは「骨組み表」のことを最終的には「**関数**」と呼びましたが、ここでは「骨組み表」で統一することにしましょう。

　何度も出てきている0と1を1マス置きに交互に印字するチューリング・マシンは以下の通りでしたが、この4行に「0と1を1マス置きに交互に印字する骨組み表」と名前を付ければ、もしもっと大きなプログラムの中で0と1を1マス置きに交互に印字したい場合には4行を書くのではなく、「0と1を1マス置きに交互に印字する骨組み表」と書けば十分なのです。

　　　　　状態1：_, P0, R, →状態2
　　　　　状態2：_, P_, R, →状態3
　　　　　状態3：_, P1, R, →状態4
　　　　　状態4：_, P_, R, →状態1

　4行書くところが1行になり、まとめたものに分かりやすい名前を付けておけば、後で見たときにも何をするかが一目で分かります。ですから、万能チューリング・マシンが備えている機能も、それぞれが塊となっており、

　　　　　　　　消去する、比較する、印を付ける

などの名前が付けられています。今日のコンピュータ上でも、少し大きな計算をしようとすればプログラムの行数は

すぐに多くなってしまうので、ある一定の決まった処理を1つにまとめるという考え方は、プログラムを書く人の間では当たり前のように使われています。

■オプションもどうぞ。「いんすう」と呼ばないで！

例えば、「印を付ける」といった骨組み表があると書きましたが、どこにどんな印を付けるのだ？ という疑問がわきます。「印を付ける」という骨組み表が、いつも「空白があればxを付ける」という内容であればよいのですが、yを付けたいこともあるし、そもそも全ての空白に印を付けるのではなく、「単能チューリング・マシン上の状態名と、読み取るテープの記号の後の空白のみにxを付ける」場合や、「これから実行すべき状態名とテープの記号の後の空白のみにyを付ける」という場合もあります。

しかし、これらは全く異なる動きをするのではなく、書き込む記号と場所が少し異なるだけです。少しだけ異なる内容を別々の骨組み表にすると、こんどは骨組み表の数が増えてしまい、プログラムを奇麗に書くというポリシーに反します。というわけで、少し似た動作をする骨組み表を1つにまとめられないかと考えるわけです。
「印を付ける」骨組み表に少しオプションを付けましょう。

印を付ける（単能チューリング・マシン、状態名、テープ
　　　　　から読み取る記号x）
印を付ける（：の後、実行すべき状態名、テープから読み

　　　　　取る記号y）

のように、骨組み表名は同じで、括弧の中でオプションを操作するという考え方です。括弧の中は「引数」と呼ばれます。「いんすう」と読まないでください。

　上の２つの骨組み表は、表名は同じですが、引数が違うので違うものとして認識されねばなりません。これらをひとまとめにグループ化して表したくなります。２つを１つの形式で表すとします。括弧の中の「、」で区切られた要素を４つにして、１つ目はテープ上のどの場所かを表し、２つ目と３つ目が印を付ける項目、４つ目が記号となるように表記してみましょう。というわけで、上の２つをまとめてみますと、

　　　印を付ける（場所、項目１、項目２、記号）

とすることができます。これが「オプション付きの骨組み表」という考え方です。項目１、項目２だけでなく、もっとたくさん項目を増やすにはどうしたらよいかと考えたくなりますが、それはもう少し複雑な話なので、いまはここまでにしておきましょう。

■万能チューリング・マシン実現のためには
　文字を検索する、消去する、複写する、置き換える、比較するなどの基本的な機能と、それらを組み合わせた同様な処理を１つにまとめる、ということだけではまだ現実に

万能チューリング・マシンを作ることはできません。万能チューリング・マシンは、物真似をしながら、万能チューリング・マシン自身の状態を変化させていくので、それについてはどんな機能があったらよいか考えてみます。そのために、

「物真似の舞台でヘッドが指し示す部分の記号を読み、その記号を裏舞台に書く、次にアンチョコと比較して同じパターンを検索する」

という動きを考えてみます。
　まず、必要な1つ目の機能は、

〜裏舞台に書く、次に〜

と表されるように、Aをしたら、次にBをするという動きです。これは「順番に実行する」という考え方です。当たり前のようですが、万能チューリング・マシン（つまり現在のコンピュータ）に必要な重要な要素の1つです。
　あと2つの機能が必要です。その2つを説明するために、アンチョコと裏舞台を比較するときの動きを細かく見ていきましょう。

アンチョコの第1文字目と裏舞台の第1文字目を比較する
　　同じであったら：アンチョコの第2文字目と裏舞台の
　　　　　　　　　　第2文字目を比較する

同じでなかったら：次の処理へ

　ここには2つの要素が含まれています。1つ目は、「同じであったら」「同じでなかったら」という分岐です。さきほど条件に合えばYesの方へ、合わなければNoへ分岐しましたね。比較した結果によって、次の処理が違う場合です。これは「条件分岐」という大事な2つ目の構造です。
　3つ目は、同じことを繰り返す場合です。
　上の例ですと、第2文字目が同じだったら第3文字目を比較、また同じだったら第4文字目を比較……、延々と同じようなことを書いていくのでしょうか？　ちょっとそれは効率的ではないので、「繰り返し」という構造が使われます。上の例でしたら、プログラムの行数を付けて、

　　1行目：アンチョコの第$x$文字目と裏舞台の第$x$文
　　　　　字目を比較する
　　2行目：同じであったら：$x$の値を1つ増やして
　　　　　1行目へ戻る
　　3行目：同じでなかったら：次の処理へ

などというように表せます。実際にプログラムを書くときには、$x$の値の上限や下限などを設定したりするのですが、今はあまり本題と関係ないのでここまでにしておきます。

　いま紹介した3つの機能、「順番に実行する」「条件に従

って処理を分岐する」「繰り返し」この3つの機能さえあれば、プログラムの代理実行が可能となり、万能性を持っているということになります。万能チューリング・マシンは、文字を検索する、消去する、複写する、置き換える、比較するなどの基本的な機能の他に、決まった処理を1つにまとめる機能、そして順番、条件分岐、繰り返しの3つの構造を備えていれば、現実に作ることが可能です。万能チューリング・マシンは現在のコンピュータの理論的なモデルですから、現在のコンピュータにも同じことが当てはまるわけです。

### ■全ての計算モデルは同じ！

1936年にアメリカの論理学者であるアロンゾ・チャーチは、「**チャーチ＝チューリングの提唱**」を提案しました。

> 「チューリング・マシンによって記述できるものをアルゴリズムと呼ぶことにする」
> 「人間またはコンピュータが実行できるアルゴリズム的手順はチューリング・マシンで実行できる」

ということです。チャーチはどうしてこのような提唱をしたのでしょうか？

チャーチはこの頃、計算とは何かということを厳密に論じるためのモデルを考えていました。チャーチ自身のモデルは「λ計算」と呼ばれるものです。計算できると言える全ての事柄は、このλ計算の中で具体的に表現できると、

チャーチは提唱をしました。なぜ「提唱」かといえば、計算できるという概念は、具体的な計算モデルなしに定義することはできないので、証明ができないのです。提唱とは、証明することはできないけれど十分に正しいと信じられる、という意味です。

ちょうどその頃、λ計算の他にも、チャーチの論文と全く同じ概念を表すクリーネの「帰納的関数」など、種々の計算モデルが発表されていました。そして、チャーチの主張から1年も経たないうちにチューリング・マシンが現れました。本書でも取り上げているこの論文の中で、チューリングは自分が定義した機械はチャーチのλ計算と等価であることを示しています。

この論文を読んだチャーチは、

> 計算を反映するようなモデルを考えると、いつも必ずそのモデルにおいて「計算できる」ということの定義が、チューリング・マシンにおいて「計算できる」ことと同じになる。
> だから、チューリング・マシンをアルゴリズムの正統な数学的モデルとしよう。

と提案したのです。これこそが「チャーチ＝チューリングの提唱」なのです。それ以後、これがアルゴリズムの定義として用いられることになりました。

この提唱により、計算できるということを示すために、わざわざチューリング・マシンでシミュレーションする必

要がなく、人間が理解できる程度の言葉で正確にアルゴリズムを記述できれば十分であるということになりました。また、チューリング・マシンで実行できなければ（ある問題を解くチューリング・マシンが存在しなければ）、その問題を解くアルゴリズムは存在しないことも分かります。計算機科学の分野に広く受け入れられているアルゴリズムが、チューリング・マシンで記述できないアルゴリズムであることが示されれば、この提唱はなかったことになってしまいますが、一般にそのようなことは起こらないと考えられています。

ここまで私たちはオートマトン、チューリング・マシンという2つの計算モデルを見てきましたが、ほかにも、再帰的関数、ランダムアクセスマシンなど様々な計算モデルがあります。

その後に定義された、

1954年　マルコフアルゴリズム
1956年　チョムスキーの句構造文法
1963年　J.C.Shepherdson & H.E.Sturgisによるランダムアクセスマシン
1964年　C.C.Elgot & A.Robinsonによるプログラム内蔵方式RAM

も含め、これらの計算モデルによって「計算できる」ということは、全てチューリング・マシンによって計算できることと同じであることが明らかになりました。

チューリングは論文の中で「計算する」ということを定義し、「計算できる」か「計算できない」かを判定するための仮想的な計算機を作ったのです。その計算機を用いて、現在のコンピュータを支える計算理論が作られたのです。

# 第6章
# 計算量の話

プログラムをコンピュータ上で実行するとき、そのプログラムの実行がどのくらいの時間で終了するのか、どのくらいのメモリを必要とするか知ることが重要です。プログラムの実行が終わることが分かったとしても、計算結果が必要な時点でまだ計算中であるようなプログラムは、意味がありません。例えば、車同士の衝突を避けることを目的に開発された車載コンピュータのプログラムは、衝突する前までに結果を出さなければ役に立ちませんね。これは、プログラムが正しく動作するかどうかという問題とは違う次元の問題です。

　また大型コンピュータを使う計算では、実行時間や使用するメモリが多くなればなるほど使用料金がかかるので、計算を実行する前におおよその実行時間を知りたいと思います。

　あるアルゴリズムを実行するとどれくらいの時間がかかるのか、実際にコンピュータで実行しなくても知ることができれば、たいへん有効です。そして、そのような方法があります。この章ではその方法について説明をしていきます。

## ■検索する時の手順

　実際にコンピュータが行う計算について、いくつか例を上げて考えてみます。

　まず、検索を考えます。検索したい単語を入力して、検索する手順が計算されると、何かしらの結果となって表示されます。この手順を一般に検索エンジンと呼んでいま

第6章　計算量の話

す。では、どのような計算が行われているのでしょうか。

　検索エンジンにはいろいろな種類がありますが、例えばロボット型検索エンジンと呼ばれるものでは、

①Webページのデータを収集する
②キーワードを抽出して、キーワードごとにデータベースに登録する
③ユーザの入力に応じて検索結果を表示する

　この①〜③の計算を、さらに細かい手順に分けて考えてみましょう。

　①では、プログラムが自動的にWebページを巡回してデータを収集します。収集したデータを貯めるための記憶領域が用意されていて、巡回して収集するたびにその記憶領域の「状態」が変化していくので、「計算」が行われていることになるのです。

　②では①で得られた結果からキーワードを抽出し、データベースに登録します。ここでもデータベースの「状態」は登録していくたびに変化していくので「計算」が行われていると考えてよいのです。

　③では、②のデータベースから検索結果を探して結果を表示します。ここでも結果表示される前のページの「状態」と表示された後のページの「状態」は違っていますから、「計算」が行われているのです。それぞれの計算方法が検索エンジンによって違い、各検索エンジンならではの手法を駆使して、使いやすさを競い合っているというわけ

147

です。

### ■1+2=3の計算

1+2=3という計算を考えましょう。

1という状態のデータと2という状態のデータがあって、「足す」という刺激によって、3という状態のデータに変化した、という考え方ができます。もう少し、レベルを細かくしてみます。

コンピュータが1という入力を認識するときには、コンピュータの中に入力を受け取る場所(メモリとしましょう)があって、そこが空だった状態から1というデータが入って状態が変わったということで、やはりコンピュータにとっての計算の1つです。さらに計算のレベルを細かくすることができます。ではどこまで細かくできるでしょうか？

すぐ下のレベルでは、処理チップにメモリからデータを取り出して与えると、処理チップの状態が変わります。これもやはり計算です。チップの中ではさらに細かいレベルでの計算が行われますが、いずれにしても何かの状態が変化するということを繰り返しているのです。

### ■プログラムの定義

コンピュータが判断や予測をするためには、必ず、過去の履歴やある条件が入力値として外から与えられて、それをもとに「決められたある手順にしたがって」黙々と処理を行います。

第6章　計算量の話

　この手順は人間が開発するわけです。「したい」ことをコンピュータに実行させる手順が「アルゴリズム」であることは最初に述べましたが、これをプログラム言語で記述したものが「プログラム」です。つまり、コンピュータに実行させる手順を具体化して教えるためのものが「プログラム」です。プログラムとは「コンピュータがすべき計算を手順化したもの」です。

■計算できるかできないか判断する方法
　しかし、コンピュータに計算を行わせるために、その計算の手順をプログラム言語を用いてどのように記述するのか、それがいちばん大変です。なぜならば「こういう計算をしたい」「こういう判断をしたい」「こういう予測をしたい」というどれもが全てコンピュータで計算できるわけではないからです。
　では、プログラムを開発する場合に、これから「コンピュータにさせたい」計算がはたして本当にコンピュータで計算できるのかどうやって判断するのでしょうか？　判断する方法があるのでしょうか？　それが今まで紹介してきたオートマトンやチューリング・マシンといった「計算モデル」なのです。
「計算モデル」を使えば、プログラムがどうやって実行されるかを、実際のコンピュータで実行しなくても疑似実行することができるのです。「コンピュータにさせたい」計算が、実は「できない」ことが分かれば、そういうプログラムを作れないことになりますから、少なくとも無駄な努

力をすることが避けられるという利点があります。

　チューリング・マシンは「現在のコンピュータの原理そのもの」であることはここまでの説明で十分理解したと思いますが、それに加え、チューリング・マシンは現在のコンピュータを忠実にモデル化した「計算モデル」でもあるのです。

■計算量

　チューリング・マシンは理論的な計算モデルなので、実行の時間がどれくらいかかるのかとか、コンピュータのメモリやハードディスクをどれだけ使うのかなどは考慮しません。計算できるか、否かが問題なのです。仮に現在のコンピュータを使って計算時間が500年かかってしまうような問題であっても、年とともにコンピュータの性能が向上していく可能性があることを考えると、そのようなことは理論モデルでは考える必要はないのです。

　一方、現実のコンピュータでの実行には、実行にどれくらいの時間がかかるのか、またメモリやハードディスクをどれだけ使うのかを考える必要が出てきます。現実問題としてはその計算にものすごい時間がかかってしまう場合には役に立たないことがあるからです。

　具体的な例を上げると、明日の天気予報をするアルゴリズムがあっても、そのアルゴリズムに基づくプログラムの実行に4日間も時間がかかってしまうのでは、全く意味がありません。悪いアルゴリズムであれば、実行するのに何年もかかる場合もあるのです。ですからプログラムを開発

するときには、そういった実用に堪えられないようなアルゴリズムではなく、効率的なアルゴリズムを見つけなければなりません。

一般にアルゴリズムをもとにしたプログラムの実行時間を見積もるには「計算量」という尺度があります。

「計算量」というのは、アルゴリズムが良いか悪いかを判定する尺度であり、「計算モデル」というのは、アルゴリズムの基本的な動作原理を説明するための試験台だと考えればよいでしょう。

## ■サンタクロースの汚れた靴下

コンピュータを使わない情報教育（Computer Science Unplugged）という取り組みがあります。ニュージーランドのTim Bell博士が提唱した取り組みで、小学生でもコンピュータ科学について楽しくコンピュータを使わずに学ぶという取り組みです。2進法、コンピュータでの画像表現、圧縮、誤り訂正、探索、並べ替えはもちろん、公開鍵暗号、チューリング・テスト、暗号化などという難しいテーマまで扱っています。著者の研究の1つも、CS Unpluggedの中のテーマの1つです。

妖精たちがクリスマスイブにプレゼントを1024個包んでいます。1024という数は一般にはとてもキリの悪い数字ですが、コンピュータを知っている人ならば非常にキリのよい数です。2の10乗です。サンタクロース役の妖精がプレゼントを配りに行く時刻になりました。そのとき、「サンタクロースの汚れた靴下はどこ？」と、ある妖精が間違っ

てサンタクロースの汚れた靴下をプレゼントの箱に入れてしまったことに気付きました。その箱を見つけなければなりません。さあどうやって？

妖精たちは、早速天秤を持ってきました。1つずつ箱を天秤にかけて、天秤が下がれば靴下が入っている証拠。しかし、どれくらいの時間がかかるのでしょうか？ プレゼントを配り始めるまでにはもう数分しか残っていません。

この問題は1024個のものから1つを選び出すという問題を解決するアルゴリズムを示しています。2つずつ組にして比較したとすると、1回の比較に1秒かかるとしても（実際にはもっとかかるはず）最悪の場合、512回の比較が必要ですから、約500秒かかってしまいます。8分以上です。1回の比較に5秒かかるとしたら、40分以上かかってしまいます。それでは遅い……。

そのとき、子供の妖精が提案します。1024個のプレゼントをまず2つに分ける。512個ずつを天秤にかけて、重い方をさらに2等分する、それを繰り返せばすぐに終わります。

何回の比較で終わるでしょうか？

まず512個ずつの比較が1回目、256個ずつの比較が2回目。以下同様に、

$$128 \rightarrow 64 \rightarrow 32 \rightarrow 16 \rightarrow 8 \rightarrow 4 \rightarrow 2 \rightarrow 1$$

10回の比較で終わります。1回の比較に5秒かかるとしても1分かかりません。

最初のアルゴリズムよりも、子供の妖精が提案したアルゴリズムの方が効率がよいことが一目で分かります。これが計算量の考え方です。いまは1024個でしたが、これがもっと多くなったらどうでしょうか、最初の方法ではますます時間がかかりますが、後の方法では数が多くなっても対応できそうです。

この、アルゴリズムが実行する演算の回数は、通常入力の大きさと構造に依存します。サンタクロースの問題であればプレゼントの数に依存します。また、すぐに見つかればよいのですが、いつもうまくいくとは限りませんから通常は「最悪の場合」のことを考えます。

■同じ数があるかを判定する問題

もう少し複雑な例を考えましょう。4個の整数があるとき、全ての整数が異なっているか、あるいは少なくとも2つは同じものであるかを判定する問題を考えましょう。

図6-1のように、2番目と3番目の箱の数が同じであったとします。まずは1番目の箱に入っている5と2番目の箱に入っている3を比べます。5と3は違いますから、今度は1番目の5と3番目の3を比べます。また違うので1番目の5と4番目の10を比べます。つまり、1番目を固定して、それ以外のものを順番に比べていきます。次は2番目を固定して、3番目以降と比べます。この例では、2番目と3番目が同じなので、同じものがあったと判定して終わります。

このとき、固定する箱の番号を$i$という文字に置き換え

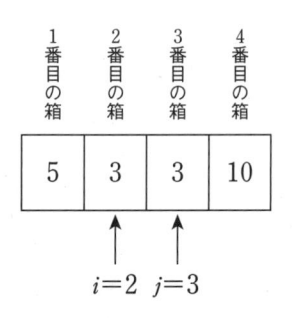

```
 1    2    3    4
 番   番   番   番
 目   目   目   目
 の   の   の   の
 箱   箱   箱   箱

┌────┬────┬────┬────┐
│ 5  │ 3  │ 3  │ 10 │
└────┴────┴────┴────┘
       ↑    ↑
      i=2  j=3
```

**図6-1 同じ数字はあるか**

て、1から順に増やしていき、比較される$i+1$以降の箱の番号を$j$という文字に置き換えることで、箱の番号を指定することができます。図の箱であれば、$i$が1のときは$j$には最初$i+1$である2が入り、比較して違うので、$j$の値が1つ増えて3に変化し、さらに中身が違うので$j$の値は4になります。箱の中身はいずれも違うので、その後、$i=2$と変化し、$j$には$i+1$の値である3が入ります。そして$i=2$番目の箱と$j=3$番目の箱の中身が比較され、同じなので、ここで終了します。

■実行に必要な時間の計算

この手順を文章と図で表現してみます。図6-2は、その点と同じ行にある手順の1回の実行を表します。上から下へ、左から右へ、点を結んでいる線は、命令を実行していく順序を表します。詳しく見ていきましょう。

手順1からはじめます。最初$i=1$です。手順2において

第6章 計算量の話

$j$には$i+1$である2を入れます。手順3で、1番目の5と2番目の3を比較します。5と3は違いますから、手順4を飛ばして手順5へ行き、手順2へ戻ります。手順2において$j$の値が1つ増えて3となります。手順3では今度は1番目の5と3番目の3を比較します。それもまた違うので、手順5から手順2へ戻り、$j$は4となり同じ動作が続きます。その後、手順5で$j$が4のときは手順1に戻りますので、$i$の値を1つ増やし、2とします。手順2では$i$の値より1つ大きい3が$j$の値となります。手順3で$i$=2番目と$j$=3番目の中身を比較して同じですので手順4に行き、終わりとなります。

このアルゴリズムがどれくらいの時間を必要とするかを決めるために、プログラムの1行を実行するのに1単位時間かかると仮定しますと、図6-2の黒丸の数が1単位時

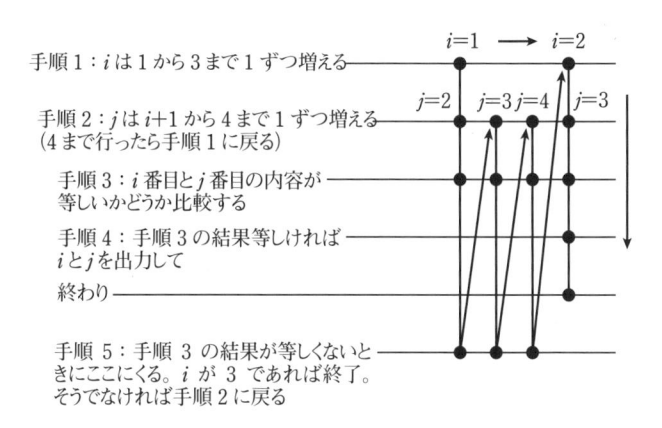

手順1：$i$は1から3まで1ずつ増える
手順2：$j$は$i+1$から4まで1ずつ増える
（4まで行ったら手順1に戻る）
手順3：$i$番目と$j$番目の内容が等しいかどうか比較する
手順4：手順3の結果等しければ$i$と$j$を出力して
終わり
手順5：手順3の結果が等しくないときにここにくる。$i$が3であれば終了。そうでなければ手順2に戻る

**図6-2　同じ数字を捜す手順**

155

間にあたります。最後（1番右）の線は、$i=2$、$j=3$の場合の実行を表します。黒丸の数を数えると15ステップかかることが分かります。

■全ての数が異なる場合

| 1番目の箱 | 2番目の箱 | 3番目の箱 | 4番目の箱 |
|---|---|---|---|
| 5 | 3 | 2 | 10 |

**図6-3　全ての数字が異なる場合**

全ての要素が異なる場合は何ステップかかるでしょうか。$i=3$、$j=4$となっても同じにはならないので、手順5

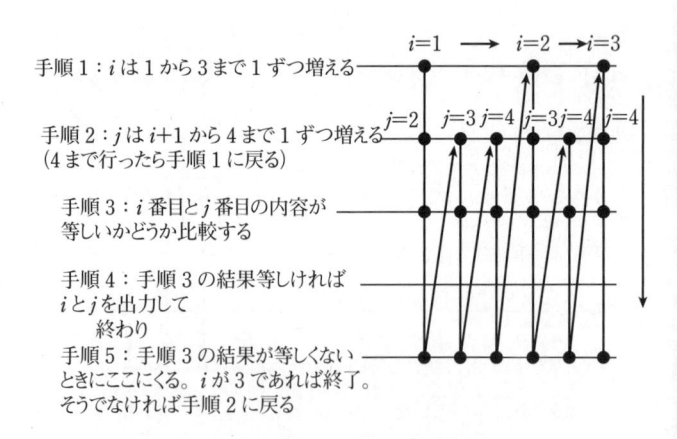

手順1：$i$は1から3まで1ずつ増える

手順2：$j$は$i+1$から4まで1ずつ増える
（4まで行ったら手順1に戻る）

手順3：$i$番目と$j$番目の内容が
等しいかどうか比較する

手順4：手順3の結果等しければ
$i$と$j$を出力して
終わり

手順5：手順3の結果が等しくない
ときにここにくる。$i$が3であれば終了。
そうでなければ手順2に戻る

**図6-4　全ての数字が異なる場合の手順**

第6章　計算量の話

|1番目の箱|2番目の箱|3番目の箱|4番目の箱|
|---|---|---|---|
|5|3|10|10|

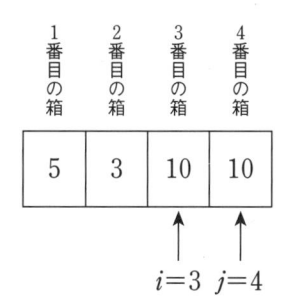

$i=3$　$j=4$

**図6-5　最も時間がかかる場合**

において終了し、21ステップかかります（図6-4）。

それでは、最も時間がかかる例を考えてみましょう。3番目の箱と4番目の箱が同じである場合です（図6-5）。図6-6のように、$i=3$、$j=4$の比較のところまで（図の丸

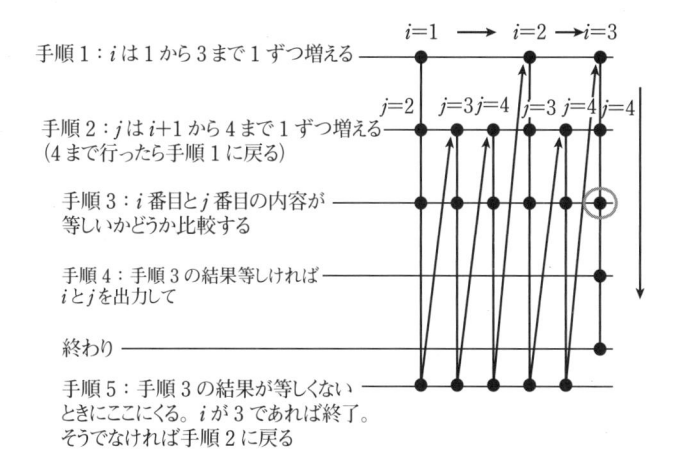

手順1：$i$は1から3まで1ずつ増える

手順2：$j$は$i+1$から4まで1ずつ増える
（4まで行ったら手順1に戻る）

手順3：$i$番目と$j$番目の内容が等しいかどうか比較する

手順4：手順3の結果等しければ$i$と$j$を出力して

終わり

手順5：手順3の結果が等しくないときにここにくる。$i$が3であれば終了。そうでなければ手順2に戻る

**図6-6　最も時間がかかる場合の手順**

157

の部分)は先ほどの、全ての要素が異なる場合と同じですが、その後、出力して終わりのところに行くまでの手順を含めると22ステップとなります。

### ■時間計算量

前節の比較の例では同じ手順(アルゴリズム)であっても、比較する回数が異なることが分かりました。この例では箱は4つですからよいのですが、箱の数が100個になったらどれだけのステップ数がかかるのでしょうか? さらに1000個になったら?

Web検索に代表されるように、検索を行うときにはいま紹介したような順番に比較する手順が行われます。比較のアルゴリズムが速ければ検索も速いですが、比較のアルゴリズムが遅ければ検索に非常に時間がかかってしまい、悪い検索エンジンということになってしまいます。

サンタクロースの靴下の例でも、後のアルゴリズムのほうが実行速度が速かったですね。何が良いアルゴリズムで何が悪いアルゴリズムかを判断するには、実行するときにどれだけの時間がかかるかということが1つの指標となります。これを「時間計算量」と呼びます。

### ■実行にかかる時間は何に影響されるの?

時間計算量を用いてアルゴリズムを比較するときに、2つ考えることがあります。1つは、そのアルゴリズムで実行するときに扱うものの数がいくつかということです。例えば、サンタクロースの靴下の場合、プレゼントの数が

1024個であったので、最初の方法では間に合わなかったわけですが、もしプレゼントの数が8個であれば、最悪の場合であっても4回の比較をすればよいわけですから、実質的にはあまり問題はありません。ですから、どちらのアルゴリズムを使ってもいいでしょう。一般に扱うものの数が大きい場合に、計算量の考え方が必要になるのです。

では、どれくらい大きい場合に必要になるのでしょうか？ それには、考えることの2つ目が関係します。アルゴリズムの実行時間は、扱う数が大きくなるにしたがって増えますが、その「増え方」が重要なのです。扱う数が2倍になったからといっていつも実行時間が2倍になるとは限らないのです。

### ■時間計算量の表し方

サンタクロースの靴下の例では、2つずつ比較する悪いアルゴリズムにかかる時間は、プレゼントが1024個で、最悪512回の比較でした。それに対して良いアルゴリズムにかかる時間は10回で済みました。これを一般的に表すために、プレゼントの数を$n$個と置きます。すると、悪いアルゴリズムにかかる時間は$n/2$回となります。良いアルゴリズムはどうかというと、ちょっと頭を使わないとなりません。

1回の比較で2つのものを比較するので、2回の比較では4つのものが比較できることになります。3回の比較では8つのものが比較できることになります。

これを表にしてみますと表6-1のようになります。比

| 比較の回数 | 1 | 2 | 3 | 4 | 5 | 6 | 7 | 8 | 9 | 10 |
|---|---|---|---|---|---|---|---|---|---|---|
| 比較できるプレゼントの数 | 2 | 4 | 8 | 16 | 32 | 64 | 128 | 256 | 512 | 1024 |

**表6-1　プレゼントの個数と必要な比較の回数**

較の回数はプレゼントの回数が2倍になると1回増えます。ということはプレゼントの数を$n$とすると、2を比較の回数だけ掛け合わせる、つまり2の「比較の回数」乗で表せることになります。式にすると、

$$比較できるプレゼントの数\ n = 2^{比較の回数}$$

ということになるのです。そうすると、比較の回数 $= \log_2 n$ という式で表せます。

例えば、比較できるプレゼントの数が1024個であれば比較の回数は$\log_2 1024 = 10$回と表します。

## ■オーダー（注文ですか？　いいえ、違います）

時間計算量は、$O$という記法を使います。これはオーダーと読みます。そして時間計算量は実行時間を細かく表すというより、概算で表します。どういうことかと言えば、靴下の例の悪いアルゴリズムにかかる時間は、プレゼントの数を$n$とすると$n/2$でしたが、かかる時間を$n/2$とはせずに、$n$と置いてしまうのです。仮に、$n-1$だろうが$n+100$であっても全て$n$と表してしまうのです。ちょっといい加減な気もしますが、$n$がものすごく大きくなったら、2で割ろうが1を引こうが100を足そうが「あまり変わらな

い」という考え方です。ですから、サンタクロースの靴下の悪いアルゴリズムの時間計算量は、結局$O(n)$と表されます。良いアルゴリズムの時間計算量は$O(\log n)$と表されます。この場合も対数の底の数にはあまりこだわらず、対数で表現できるということだけで十分なのです（2の何乗でも5の何乗でも構わないということです）。なぜかと言えば、アルゴリズムの比較には概算だけで十分だからです。

■明日の予報は明日には分からない？

　オーダーで表される時間計算量は、どんなときに使われるのでしょうか？　実際の実行処理時間を比較した表6-2を見てください。一番左の列がデータの数を表します。$n＝1$当たりの実行時間を$10^{-6}$秒とします。単位のついていない数字は秒を表します。

　例えば$O(n^3)$というオーダーを持つアルゴリズム（$n$が倍になると処理時間が8倍になる）が明日の天気を予報するアルゴリズムであったとして、予報地点（$n$の値）が50であれば0.125秒で処理は終わるので実質的な問題はありません。しかし、予報地点の数が10000になったら、計算に11日もかかります。明日の天気を知りたいのに予報の実行に11日もかかるのでは全く意味がありません。$n$の数が10000を超えるようであれば、$O(n^2)$や$O(n)$などのもっと実行時間の少ないアルゴリズムを使わざるを得ないことになります。

　実際にコンピュータを用いた計算を行う場合に、このよ

| $n$ | $O(\log n)$ | $O(n)$ | $O(n \log n)$ | $O(n^2)$ | $O(n^3)$ | $O(2^n)$ |
|---|---|---|---|---|---|---|
| 2 | 0.000001 | 0.000002 | 0.00000 | 0.000004 | 0.000008 | 0.000004 |
| 3 | 0.000002 | 0.000003 | 0.00000 | 0.000009 | 0.000027 | 0.000008 |
| 4 | 0.000002 | 0.000004 | 0.00001 | 0.000016 | 0.000064 | 0.000016 |
| 5 | 0.000002 | 0.000005 | 0.00001 | 0.000025 | 0.000125 | 0.000032 |
| 6 | 0.000003 | 0.000006 | 0.00002 | 0.000036 | 0.000216 | 0.000064 |
| 7 | 0.000003 | 0.000007 | 0.00002 | 0.000049 | 0.000343 | 0.000128 |
| 8 | 0.000003 | 0.000008 | 0.00002 | 0.000064 | 0.000512 | 0.000256 |
| 9 | 0.000003 | 0.000009 | 0.00003 | 0.000081 | 0.000729 | 0.000512 |
| 10 | 0.000003 | 0.00001 | 0.00003 | 0.0001 | 0.001 | 0.001024 |
| 50 | 0.000006 | 0.00005 | 0.00028 | 0.0025 | 0.125 | 35.7年 |
| 100 | 0.000007 | 0.0001 | 0.00066 | 0.01 | 1 | 401969368413315世紀 |
| 1000 | 0.000010 | 0.001 | 0.00997 | 1 | 1000 | $3.39773150426899 \times 10^{285}$世紀 |
| 10000 | 0.000013 | 0.01 | 0.13288 | 1.7分 | 11.6日 | |
| 100000 | 0.000017 | 0.1 | 1.66096 | 2.8時間 | 31.7年 | |
| 1000000 | 0.000020 | 1 | 19.93157 | 11.6日 | 31709.8年 | |

**表6-2 オーダーと実際の実行時間（$n=1$当たりの実行時間を$10^{-6}$秒とした場合）**

うに扱うデータの数によって適切にアルゴリズムを選ぶために、時間計算量という概念が必要になるのです。

表を見て分かると思いますが、一般的に$O(n^2)$や$O(n^3)$ですと$n$がかなり大きくなるとあまり実用的ではない処理時間となります。指数オーダーになりますと$n=100$ではほぼ実用的な数値ではありません。

第6章　計算量の話

■倍になっても倍になるとは限らない

　実際に計算させるときに、$n$の数がどれくらいかによってどのアルゴリズムを選ぶかを考える必要があるということは分かりました。別の言い方をすれば、オーダーの考え方は$n$を増加させたときにどれくらいの速さで計算量が増加するかに着目しています。

　例えば$O(n)$のオーダーを持つアルゴリズムは、処理すべき問題のデータ量が2倍、3倍、4倍と$n$倍になったときに、計算量が$n$倍で増加するアルゴリズムです。$O(n^2)$ですと、処理すべき問題が2倍になったら計算量は4倍、3倍になったら9倍、4倍になったら16倍と増えていきます。$O(n^3)$になると、処理すべき問題が2倍になったら計算量は8倍、3倍になったら27倍、4倍になったら64倍と増えていきます。

　一般にあるアルゴリズムのオーダーが$O(n^k)$で表される場合、これを多項式オーダーと言い、多項式オーダーを持つアルゴリズムを「多項式計算量を持つアルゴリズム」と言います。$k$の値が増えるにつれて、だんだんに計算量の増加率は増えていきます。後で説明する、数学的に考えたときに「解ける」問題と「解けない」問題のグループ分けのときに、「多項式オーダー」という考え方が必要になってきます。

■良いアルゴリズムのオーダー

　実行時間が実用に堪えられれば、「良いアルゴリズム」と言えそうです。しかし$n$の数がかなり小さければ、ほと

んどのアルゴリズムは実用に堪えられそうです。時間的に「良いアルゴリズム」というのは$n$の数が小さい場合と比較して、だんだん数が増えていってもそれほど実行時間の増加の割合は大きくならないアルゴリズムを指します。

次ページの表6-3に、いろいろなオーダーでの増加率を示しましょう。いちばん左の列がデータの数を表します。よく使われるオーダーを増加率の小さい順に示しますと$O(1)$（$n$が増えても、処理は1つというアルゴリズム）、$O(\log n)$、$O(n)$、$O(n \log n)$、$O(n^2)$、$O(n^3)$、$O(2^n)$、$O(3^n)$、$O(n!)$、$O(n^k)$ となっていきます。$n$の値が増えるとどのようにオーダーが増えていくか、表を見て感覚をつかめると思います。

サンタクロースの汚い靴下の例は、一般的に「探索」と呼ばれるアルゴリズムですが、最初に紹介したデータを先頭から順番にたどりながら比較を行う探索ですと$O(n)$、2つずつに分ける方法は$O(\log n)$ と表すことができました。$O(\log n)$ の方が$O(n)$ よりも効率が良いのは、先ほども説明した通りです。$O(\log n)$ のアルゴリズムは、データの数が増加しても作業量はゆっくりとしか増えません。データ数が100万になっても作業量は20倍にしかなりません。

いちばん身近なケースである$O(n)$ のアルゴリズムは作業量はデータ数に正比例して増加します。その次に、$O(n \log n)$ のものがあります。$O(n)$や$O(n \log n)$のアルゴリズムは$O(\log n)$ のアルゴリズムと比べると作業量の増大のしかたが急ですが、162ページの実行時間の表からわか

| $n$ | $O(\log n)$ | $O(n)$ | $O(n \log n)$ | $O(n^2)$ | $O(n^3)$ | $O(2^n)$ |
|---|---|---|---|---|---|---|
| 2 | 1.0 | 2.0 | 2.0 | 4 | 8 | 4 |
| 3 | 1.6 | 3.0 | 4.8 | 9 | 27 | 8 |
| 4 | 2.0 | 4.0 | 8.0 | 16 | 64 | 16 |
| 5 | 2.3 | 5.0 | 11.6 | 25 | 125 | 32 |
| 6 | 2.6 | 6.0 | 15.5 | 36 | 216 | 64 |
| 7 | 2.8 | 7.0 | 19.7 | 49 | 343 | 128 |
| 8 | 3.0 | 8.0 | 24.0 | 64 | 512 | 256 |
| 9 | 3.2 | 9.0 | 28.5 | 81 | 729 | 512 |
| 10 | 3.3 | 10.0 | 33.2 | 100 | 1000 | 1024 |
| 50 | 5.6 | 50.0 | 282.2 | 2500 | 125000 | 約$10^{15}$ |
| 100 | 6.6 | 100.0 | 664.4 | 10000 | 1000000 | 約$10^{30}$ |
| 1000 | 10.0 | 1000.0 | 9965.8 | 1000000 | 10億 | 約$10^{301}$ |
| 10000 | 13.3 | 10000.0 | 132877.1 | 1億 | 1兆 | 約$10^{3010}$ |
| 10万 | 16.6 | 10万 | 1660964.0 | 100億 | 1000兆 | |
| 100万 | 19.9 | 100万 | 19931568.6 | 1兆 | 100京 | |

表6-3　*n*の増え方とオーダーの増加率

るように、現在のコンピュータの処理能力を考えると、データ数がかなり多くなっても実用性は十分にあります。次にくるのが多項式オーダーになります。一般に$O(n^2)$や$O(n^3)$くらいまでの多項式計算量のオーダーを持つものが経験的に効率的に処理できると見なされているので、「良いアルゴリズム」と言ってよさそうです。

■悪いアルゴリズムのオーダー

多項式オーダーになると、データの増加にしたがって作業量は急激に増加します。これ以上時間がかかるアルゴリズムには$O(n^k)$や$O(a^n)$などがあります。$O(a^n)$は指数

オーダーと言われています。

$a=2$の時を例に考えてみると、$O(n^3)$で$n$が100倍になったとしても計算量は1000000倍ですが、指数オーダーのアルゴリズムですと、$n$が100倍になると$2^{100}$倍となり、これは$10^{30}$とほぼ同じです。$n=100$程度で現実として処理が不可能であると見なされます。指数オーダーのアルゴリズムは$n$が小さければ現実時間内で実行できますが、$n$が50を超えるととたんに実行可能とは言えない時間がかかることが分かります。一般的に$O(n^3)$を超えるような多項式オーダーのアルゴリズムや指数オーダーのアルゴリズムは現実時間内で実行が終わらないので、「悪いアルゴリズム」であると見なされます。

■オーダーを計算しよう

複雑な問題のオーダーの計算をどうやって行うのか、実例を上げて見てみましょう。

先ほどの4つの整数の列の中で、同じ要素があるかを判定する問題を考えます。アルゴリズムの比較をするには概算を求めれば十分と話したように、オーダーの計算は最悪の場合の実行時間の概算値を求めます。先ほどは箱の数は4つでしたが、オーダーの計算をするときは箱の数が$n$個と考えます。このアルゴリズムの「最悪の場合」とは、最後の2つの整数が重複しており、それ以外に重複した整数が存在しないときです。ということは、最後の2つの整数の箱の番号は$n-1$と$n$であることになります。ですから先ほどの図を使うと、最後の比較は$i=n-1$と$j=n$の比較を

第6章　計算量の話

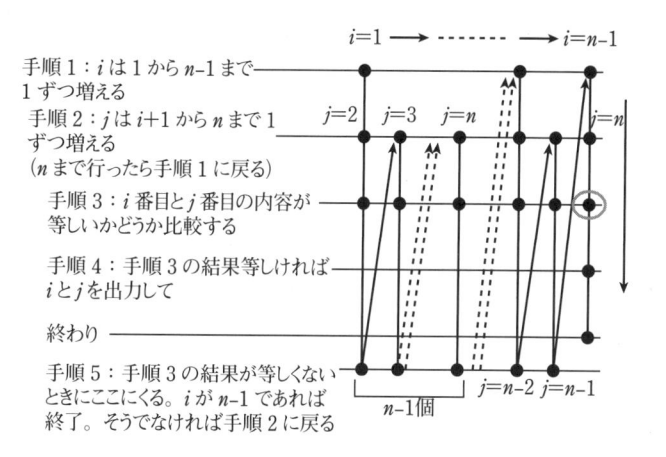

手順1：$i$は1から$n-1$まで1ずつ増える

手順2：$j$は$i+1$から$n$まで1ずつ増える（$n$まで行ったら手順1に戻る）

手順3：$i$番目と$j$番目の内容が等しいかどうか比較する

手順4：手順3の結果等しければ$i$と$j$を出力して

終わり

手順5：手順3の結果が等しくないときにここにくる。$i$が$n-1$であれば終了。そうでなければ手順2に戻る

**図6-7　箱の数が$n$個の場合の手順**

することになり、右端の列の丸で囲った部分の比較のところで同じものだと判断されるということになります。ですから実行の手順は最初の$i=1$、$j=2$の比較から順番に数えていけばよいのです。数えるといっても、このような計算には必ずパターンがあります。そのパターンを詳しく見ていきましょう。

図6-7を見てください。手順1からおさらいします。$i=1$のときは、箱が4つの場合$j$は2から4まで動きましたが、箱が$n$個になりますと、$j$は2から$n$まで変わります。ここまでが1つのパターンになります。手順2、3、5の3つの手順を内側のループと考えると、このループの実行は$n-1$回となりますから、全体として$3(n-1)$ステップかかります。$i=1$のときに実行される命令を考えると最初

167

の手順1の実行を含めて$1+3(n-1)$ ステップとなります。同様に考えて$i=2$のときは、$1+3(n-2)$、$i=3$のときは$1+3(n-3)$ となります。最後は図の右に示した通り、$1+3\times2+1+4$となるので、総ステップ数は

$$1+3(n-1)+1+3(n-2)+\cdots\cdots+1+3\times2+1+4$$
$$=n+3\times\sum_{k=1}^{n-1}k=n+\frac{3n(n-1)}{2}=\frac{3n^2-n}{2}$$

となります。

 というわけで、この式は箱の数が$n$である場合のアルゴリズムの最悪の場合の時間計算量を表しています。実際の実行は全ての行が同じ単位時間で行われるわけではありませんが、概算ですからこれで十分なのです。上記の式に関して言えば、2次式であるということしか重要ではありません。計算量が$\frac{3n^2-n}{2}$であろうと$\frac{100n^2-n}{290}$であろうと$\frac{n^2-n+100}{2}$であろうと、全て2次式という同じカテゴリーと認識されます。したがって、上記のアルゴリズムのオーダーは$O(n^2)$ なのです。

## ■実行に必要な記憶領域

 ここまでは、実行時間に関する計算量である時間計算量の話をしてきましたが、同じオーダー記法を使って、実行に必要な記憶領域の計算量である「記憶計算量」を表すことも可能です。ここでは、その記憶計算量を考えましょう。
 先ほどの、$n$個の箱の中に同じものが2つあるかどうか

を見つけるアルゴリズムを考えましょう。それほど難しいことではありません。このアルゴリズムは、記憶領域として、$n$個の配列の場所と、数列の中身を次々に比較していくために、付けられた番号を記憶する$i$と$j$の2つしか必要としません。ですから記憶計算量は$n+2$となりますが、オーダーは概算なので$O(n)$と表せます。厳密に言えば必要な記憶領域は$n+2$なわけですが、オーダーで言えば$n$で十分なのです。

## ■解ける問題のグループ分け

これまでに述べてきた計算量というのは、実際の処理時間を意識した考え方です。情報科学、コンピュータ科学の分野では多項式オーダーであれば$k=3$まではなんとか許せる範囲として考えます。これとは別に、数学の世界ではもう少し異なる考え方をします。

$O(n^k)$で示されるオーダーを多項式オーダーといいましたが、数学の世界では多項式オーダーのアルゴリズムであれば一応効率的であると考えられています。この考え方をもとに計算量を大きく分ける考え方を紹介しましょう。これは、ある問題について「多項式の範囲内ではうまく解けない」かどうかを判断するときに使われるグループ化の考え方です。

このように複数のアルゴリズムを比較することで、それらのアルゴリズムが解く問題そのものの難しさについて考えることができます。これを「計算量の理論」と呼びます。アルゴリズムの計算量の研究は、与えられた問題がど

れくらい速く解けるかということに注目しています。

では、ある問題に対するアルゴリズムがその問題を解く「もっとも速いアルゴリズム」であるかはどう決定するのでしょうか？ 実はそれは簡単なことではないのです。そのために計算量が存在しているわけです。同じ問題を解くアルゴリズムを比較して「同じ問題を解くためのより速いアルゴリズムを見つけることができるか？」ということが研究の中心であるのです。

ここまでは、実用的な実行時間や実行に必要な記憶領域の比較を行うことについてお話ししてきました。この後は、数学的に「解ける問題」「解けない問題」の話に入っていきます。

### ■クラスP

実際の実行時間を考えると、$O(n^3)$ を超えるアルゴリズムは実用的ではありません。これは経験的な概念に基づいて効率的に処理できる範囲という意味での線引きが、だいたいこの辺だろうという考え方です。

この考え方とは別に、「計算のやりやすさ」について厳密に数学的に定義する考え方があります。この世界では $O(n^k)$ 以下のアルゴリズムの問題は一応効率的だと考えることにしています。したがって、$O(n^k)$ 以下のアルゴリズムの問題は、解くのに時間があまりかからないと見なされます。

アルゴリズムの時間計算量にしたがって、$O(n^k)$ 以下のアルゴリズムの問題が属するクラスを「**多項式**

（Polynomial）**時間計算可能なクラス**」、略して**クラスP**と呼びます。クラスPに属する問題は、最悪の場合でも多項式に比例する実行時間でアルゴリズムを解くことができます。つまり多項式計算量を持つアルゴリズムは、クラスPに属しています。クラスPに属する問題を「**P問題**」と呼びます。クラスPの問題は、数学者にとっては効率的に解ける問題、扱いやすい問題として取り扱われているのです。

クラスPを定義する目的は、ある問題が多項式時間で解けることを示すためではなく、むしろ、ある問題が多項式時間の範囲内ではうまく解くことができないことを証明するためのものと考えてください。「多項式時間で解けないのだったら、もうどうしようもないでしょう」という感覚です。

■どうしようもないかどうか？

クラスPに属するかどうかを、どうやって決めましょうか？

有名問題に「素因数分解」の問題があります。ある正の整数を素数の積で表す問題です。素数とは、1と自分自身以外に約数を持たない、1でない自然数です。素因数分解は単純に考えれば、2から順に$\sqrt{n}$まで割っていく方法が考えられます。そのほかさまざまな手法が考えられていますが、いずれにしても指数オーダーになることが知られています。つまり、多項式時間で解けるアルゴリズムが見つかっていないのです。そういう問題を解くことは諦める

しかないのでしょうか？　いえいえそんなことはありません。希望はあります。それには少し大雑把になることが必要です。

これまで扱ってきたアルゴリズムを、「**決定性（Deterministic）アルゴリズム**」と呼びます。たくさんの組み合わせの中からいちばん良いものを選ぶ、たった1つの解を求めるアルゴリズムと考えればよいでしょう。クラスPに属する問題というのは、多項式時間で解ける決定性アルゴリズムが存在するような問題なので、多項式時間で解ける決定性アルゴリズムを持たない問題、あるいは多項式時間で解ける決定性アルゴリズムがまだ見つかっていない問題はクラスPには属さないのです。

多項式時間内に解けない場合には、これまで扱ってきた決定性アルゴリズムとは少し異なる形のアルゴリズムを用いることによって、問題を多項式時間で解くことができるかもしれません。どういうことでしょうか？

それには「**非決定性（Non-deterministic）アルゴリズム**」と呼ばれるアルゴリズムを使います。決定性アルゴリズムの場合には条件に合う分岐先が1つだけですが、非決定性アルゴリズムはそうではありません。途中に分岐先が複数あるようなアルゴリズムです。いろいろな選択肢があるということです。

例えば、自宅から東京駅に行き着くまでにいちばん時間がかからない経路を見つけたいとします。厳密に考えるとけっこう難しい問題です。駅の候補としては、地下鉄の駅、JRの駅、私鉄の駅など複数あり、それぞれの駅まで

## 第6章 計算量の話

歩いて行くのか、バスを使うのかなどによっても変わります。そして、待ち時間や渋滞による遅れなんかも考えたくなります。う〜ん困った！　いちばん早く東京駅に行き着くまでの厳密な答えを探している時間がそんなにかかるなら、実際に東京駅まで行った方が早いくらいです。

　実際問題として、私たちは許容時間範囲内に行けるなら、まあ、どのルートを通ってもよくて、その中であまりお金がかからないように行けばいいや、くらいの考え方で生活していますね。1日目は歩いているとバスがちょうど来たから、バスに乗るルートで行きました。2日目はちょっと歩きたいから、歩く距離が多いルートを選択しました。3日目は、雨が降っているので、なるべく屋外にいる時間が少ないルートを選択しました。でもどのルートを通ったとしても、遅刻せずに到着できました。選択肢が複数あってどれを選んでも条件に当てはまる、これが非決定性アルゴリズムです。ちょっと大雑把な気もしますが、解けないくらいなら、この方がいいのです。

　厳密な答えを出そう！　というのが決定性アルゴリズムですが、厳密さを求めるあまりに時間内に「解けない」問題が出てきてしまう。それならば厳密な答えではないかもしれないけれど、条件により近い答えの候補をいくつか出すことができればよいではないですか！　このような、条件により近い答えの候補をいくつか見つけるアルゴリズムを「非決定性アルゴリズム」と呼びます。答えの見当をつける、と言ってもよいでしょう。決定性アルゴリズムと同様、問題によっていろいろな非決定性アルゴリズムが存在

173

しています。

■見当をつけてから、チェックする

　東京駅に行くルートの例において、実際にその3日間のルートにかかった時間は到着してから分かります。1日目は40分、2日目は42分、3日目は39分だったとすれば、結果的には3日目のルートが一番早かったということになります。やってみないと、どれが一番いいかは分からないという世界です。

　クラスPに属さないような問題を多項式時間内で解くために、まず答えの見当をつけるということを行います。見当をつけるにもいろいろな手法がありますが、比較的短い時間で見当をつけることが可能です。そしてその見当をつけた答えが、その問題の条件を満たすかどうかをチェックするのです。見当をつけて、その答えをチェックする程度ならば、多項式時間内で解くことができるようになるのです。

　つまり、非決定性アルゴリズムによって、答えの候補（一番良いとは限らないが、良さそうな答え）をいくつか探しておきます。そしてその後、その答えの候補のうちどれが一番良い答えかを調べます。候補の中から選ぶのであれば、多項式オーダーの時間で調べることができるのです。

　分かりやすく説明します。私たちは、探しているものにどうやって到達するでしょうか？　例えば、調べたい単語があるとします。それを探す場合、持っている本を片っ端

第6章　計算量の話

から順番に1ページから最後まで読みながら見つける、ということはしないと思います。そういう方法が、まさに決定性アルゴリズムです。

そのような場合、まずは見当をつけませんか？　この本にならその単語は書いてありそう……。さらに、その本も最初のページから1ページずつ読んでいくということはしませんね。目次とか索引とか、そういう見当をつけやすいものを頼りに探していくと、目的の単語ではないけれどニュアンスの近いものに出会ったりします。これが非決定性アルゴリズムのイメージです。

100％要望を満たしていないけれど、「まあまあこれでも許容範囲かな」という判断をするということは、よくありませんか？　それと同じです。100％自分の希望に合っているものを探そうとすると、見つかるまでの時間はかなり必要（これが多項式時間内で収まらないということ）だけれど、見当をつけていくつか候補を見つけておいて、それが許容範囲か、そうでないかを見分けることは短時間でできる（多項式時間内で収まる）、ということです。非決定性アルゴリズムによって目的にかなり近い単語をいくつか候補としてあげておき、その中で最も良いものを決定性アルゴリズムによって選ぶのです。

■クラスNP

クラスPに属さないような問題を多項式時間内で解くには、まず答えの見当をつけるということを非決定的に行い、そこで見つけたいくつかの答えの候補が正しいかどう

かを決定性アルゴリズムを用いてチェックすればよい、ということが分かりました。

このような手法で解くことのできる問題を全て集めたものが、**クラスNP**（Non-deterministic Polynomial）です。「一番良い答えを探し出す多項式オーダーのアルゴリズムは見つかっていないけれど、非決定性アルゴリズムを用いて答えの見当をつけてから、それが問題の条件を満たしているかどうかを判断する多項式オーダーのアルゴリズムは見つかっている」という問題が、クラスNPです。**NP問題**のNはNon-deterministic（非決定性）を表しているのです。

ある場所からどこか別の場所に行く場合には複数の道順がありますが、その中で「最良の道順」とは何を意味しているのでしょうか？ 時間が最短か、料金が最小か、途中にコンビニがあることを優先するか、あるいは複数の条件を満たすか……、いろいろな条件が重なれば重なるほど解を得るのは難しそうです。ある条件が与えられた場合、いくつかの候補を選んでおいて、条件を満たしているかどうかチェックすることでその中で条件により近いものを選んでいくとするという考え方です（近似解を求めるなどと言います）。最良かどうかは分からないけれどなるべく最良に近い解を求めるという考え方です。

■非決定性アルゴリズムの特徴
非決定性の計算には以下のような特徴があります。

(1)次の状態が複数あるような計算

(2)非決定性アルゴリズムで実行できることは、決定性アルゴリズムでも実行できる
(3)非決定性アルゴリズムの方が設計が容易
(4)非決定性アルゴリズムを考えるということは、実際に世の中にある多くの問題の複雑さを明らかにすることができるので有用

　(2)の特徴は(3)(4)の特徴とも関わってくることです。アルゴリズムを記述するときに思いついた通りに書いてみると、同じことの繰り返しだったり、後から検討するともう少し簡素に書けたりする、ということがよくあります。
　例えば、A点を出発してB〜Eの残りの4地点全てを通るための最短路を求める場合を、非決定性アルゴリズムで考えてみましょう（図6-8）。5つの地点を行き来する道順をとりあえず考えてみると、たいていの場合は複数出てきます。最初に右に行くか左に行くか、先のことは考えずにとりあえずどちらかに行ってみて、複数の選択肢を考えてみる。そして、後でどちらがよいか考えるのです。これが(3)で言うところの、非決定性の方が設計が容易ということです。
　その後、いちばん右の例で言えば、地点BからCへ行ってまたBに戻ってきたりしているような冗長な繰り返しを探し出して奇麗な形にする、というような作業を繰り返せば、決定性アルゴリズムに書き換えることができるということが、(2)の意味するところなのです。
　最初から奇麗に書いてしまったのでは、冗長な繰り返し

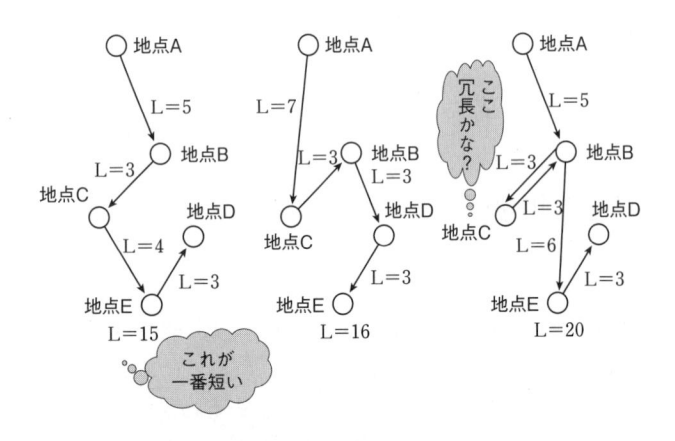

**図6-8 非決定性アルゴリズム（イメージ）**

があったりする複雑な問題をはらんでいるということが分かりませんから、非決定性アルゴリズムで考えるということも重要だというのが(4)の特徴の内容です。

この本で例として取り上げたオートマトンやチューリング・マシンは、それぞれ決定性オートマトン、決定性チューリング・マシンと呼ばれるものですが、この他に非決定性オートマトン、非決定性チューリング・マシンというものも存在します。第3章で紹介したチューリング・マシンは、ある状態で読み込んだ記号によって状態が変化するルール表を持っていましたね。そのルールは全て一通りに決まっていました。

状態1：1, P0, R, →状態2

でしたら、状態1で1を読んだら必ず状態2へ行くのです。

しかし、非決定性チューリング・マシンでは、

状態1：1，P0，R，→状態2
状態1：1，P0，L，→状態3

のようなことも可能なのです。状態1で1を読み取った場合に指示される行動が複数あるようなものです。また、非決定性チューリング・マシンで実行できることは決定性チューリング・マシンでも実行できることも分かっています。

■PとNPのおさらい

PとNPをまとめましょう。クラスPは、決定性アルゴリズムによって、最悪の場合でも多項式時間で解くことができる問題から構成されます。クラスNPは、非決定性アルゴリズムを使うことによって、多項式時間で解くことができる問題から構成されます。クラスPを定義する目的は、ある計算問題がP（多項式時間）で解けることを示すというよりは、ある問題が「多項式の範囲内ではうまく解けない」、$O(n^k)$ で解けないということを証明するためのものであると考えるとよいでしょう。

クラスNPに属する問題とは、

・ある入力データに対して、条件を満たしそうな解の候

補を非決定的にまず生成する。
・その後、これらの解の候補がその入力データに対する正式な解かどうかを、$O(n^k)$ で効率よく検査できる

という条件を満たす問題を全部集めたものです。解の候補の生成は$O(n^k)$ でできないけれど、検査は$O(n^k)$ でできるということです。

### ■PとNPの関係

　PとNPの関係を考えてみますと、PとNPの境というのは「決定性アルゴリズムによって多項式時間で解ける（P）か、解けない（NP）か」ということでした。決定性アルゴリズムで解ける問題は、複数個（または0個）の動作の選択肢を全く持たない非決定性アルゴリズムで解ける問題と見なすことができるので、PはNPの部分集合ということができます。数式として表すと、

$$P \subseteq NP$$

となります。つまりPに属する全ての問題を含む多くの問題がNPに含まれます。

　NP問題としてほかに有名なものに、「巡回セールスマン問題」（$n$個の都市の間の道路地図を与えられたセールスマンが制限距離内で全ての都市を一度ずつ訪問して起点に戻る経路を見つける）や「ナップザック問題」（容量$x$リットルのナップザックに、容積と販売価格の決められている

商品を詰めて売りに行くときに総販売価格が最大になるような詰め方を求める問題）などがあります。

　NP問題の中にはP問題であることが分かっているものの他に、P問題かどうか分かっていないものがあります。巡回セールスマン問題は、全ての道順について一筆書きかどうか調べる問題ですが、計算量のオーダーが$O(2^n)$のアルゴリズムによって解くことはできるけれど、$O(n^k)$のオーダーのアルゴリズムは見つかっていません。このようなNP問題であるがP問題かどうか分からない問題は、現実的な時間内で完全に解くことが難しいので、一般に近似的な方法を使って解きます。

### ■P＝NPか？

　PとNPが等しいかどうかは、知られていません。そもそもNP問題とされている問題というのは、多項式時間内で解ける決定性アルゴリズムが見つかっていないだけで、もしかしたら本当はP問題として解けるかもしれないという問題です。その観点から見れば、全てのNP問題がPに属している、つまり現在NP問題と思われている全ての問題にも、必ず多項式時間内で解ける決定性アルゴリズムがあることが証明されれば、P＝NPが証明できます。

　逆に、どんなことをしてもP問題にはならない問題があるのだということが証明されれば、Pに属さないNP問題が存在することになりますからP≠NPを証明することができます。

　この「**P＝NP問題**」は、「ホッジ予想」、「ポアンカレ予

想」、「リーマン予想」、「ヤン・ミルズ予想」、「ナヴィエ・ストークス方程式」、「バーチとスウィンナートン・ダイアーの予想」と並び、「2000年当時の世界の7大数学問題」となっていて、それぞれの解決に対して100万ドルの懸賞金がかけられています。この中で「ポアンカレ予想」はすでに証明されています。

### ■素因数分解

クラスNPに属する問題として有名なものに、素因数分解の問題があります。素因数分解は、「与えられた数値を素数の積で表しなさい」という問題です。例えば、36であれば2×2×3×3と表すことができます。中学校で習ったとおり、2、3、5、7、…というように小さい素数から順に割っていけば、必ず素因数に分解できます。ですから、桁数が少なければ暗算でも計算ができます。しかし桁数が大きくなった場合には、多項式時間内で解くことができません。

素因数分解のアルゴリズムはいくつか提案されていますが、いずれも多項式時間内で解けません。正確に言えば、素因数分解を多項式時間内で解けるような効率のよいアルゴリズムが見つかっていない、ということです。実際10進法で60桁の素因数分解には、中学校で習った方法であれば、最先端のコンピュータを使ったとしても数億年もかかってしまいます。

現在見つかっている素因数分解のアルゴリズムは、

① 与えられた数が1以外の2つの数の積になっているかどうかを計算します
② 掛けて入力データの値になる可能性のある2つの数の組を、非決定的に生成します。つまり、2つの数の組の候補を生成します
③ 求められた2つの数を実際に掛け算して元の入力データに一致しているかどうかをチェックします

というアルゴリズムです。

しらみつぶしに探す（決定性アルゴリズム）ことは多項式時間ではできないけれど、掛け合わせると与えられた数となる可能性のある2つの数の組を、非決定性アルゴリズムを使って生成してから、実際に掛け算して元の数に一致しているかどうかをチェックする方法です。

問題を満たすような候補をいくつか見つけておいて、それがその問題に適合するかどうかをあとからチェックするという手法です。時間があれば、いくつかの候補を次々にチェックしていき、より条件に近い解を見つけることができます。とりあえず分かっている素数を掛けてみて、元の数と比べてみましょうという、やってみないと分からない世界です。これこそまさにNP問題です。

このアルゴリズムを基本として、素因数分解にはいくつかのアルゴリズムがありますが、これらのアルゴリズムのうち最も効率が良いとされているアルゴリズムを使うと、60桁ほどであれば数秒で分解できるのですが、これも10桁長くなるごとに計算時間は10数倍かかってきます。ですか

ら1000桁ほどにもなれば、最先端のスーパーコンピュータを使ったとしても、優に何千年とかかってしまいます。

■NPであるがゆえに安全である暗号

問題が多項式時間内で解けないということは困ったことのようですが、解けないことを利用して「解かれては困るようなこと」に応用している例があります。それが、私たちがインターネット上でのクレジットカード決済やオンラインバンキングなどの通信を行うときの暗号化に使われている技術です。

解くことが非現実的であるような大きい数$n$を選んで、その数をもとに暗号化を行うのです。「公開鍵暗号方式」と言われる暗号化手法です。解くことが非現実的であるような大きい$n$とは、どれくらい大きいのでしょうか？

それはこんなに大きい数です。

12301866845301177551304949583849627207728535695953347921973224521517264005072636575187452021997864693899564749427740638459251925573263034537315482685079170261221429134616704292143116022212404792747377940806653514195974598569021434130

は232桁の数ですが、それを素因数分解するとどうなるかすぐには分かりません。

解答は、

第6章 計算量の話

367460436667995904282446337996279526322791581643430876426760322838157396665112792333734171433968102700927987363089917

と

33478071698956898786044169848212690817704794983713768568912431388982883793878002287614711652531743087737814467999489

の積です。この2つの数は両方とも素数で、他の積で表すことはできません。

　232桁の数の素因数分解を行うためにどれくらいの時間がかかるか考えてみましょう。1秒で1つの数をチェックできたとして、$10^{232}$秒かかります。今のコンピュータのCPUの性能を考えると、1命令の実行に対して0.01マイクロ秒くらいかかると考えてよいので、0.01マイクロ秒で1つの数字をチェックできたとすれば、$10^{224}$秒かかると考えられます。1年＝約$3.2 \times 10^7$秒なので、約$3 \times 10^{216}$年が必要になります。地球が誕生して46億年＝$4.6 \times 10^9$年であることを考えると容易には解けないことが想像できます。実際、暗号化を行うときに使われている$n$は309桁（1024ビット）となっています。

　今のところNP問題である素因数分解を使った暗号プログラムは、すぐには解けない問題であることが証明されており、事実上は安全とされていますが、P問題として大き

185

な素数の素因数分解が容易に解けることが証明されるか、量子コンピュータができれば、暗号が見破られてしまうことになってしまいます。

## ■NPとPを区別する意味

NP問題とP問題を分ける意味は、ある問題を解くときに、全ての解を順を追って求める手順を追究すべきか、近似解を探すか、短時間で解く方法を見つけるか、などの道を探す術を与えてくれます。数学的にP＝NPであるかを証明するのは理論的な問題であり、一方で計算量の理論は実際の実行に関しての指標となっています。

まず計算量の理論は「最悪の場合」の結果を考えています。問題のいくつかの場合については、本当に最悪の場合の時間がかかるかもしれませんが、必ずしもそうでない場合もあるのです。

2つ目に、計算量の理論は$n$が大きくなった時に非常に時間がかかる、というところに着目しています。もしかすると、実際に解決したい問題は、$n$が小さいためにアルゴリズムを選ぶ必要もないかもしれません。巡回したい町の数が10にも満たないのであれば、全ての可能な経路を調べてもたいしたことにはなりません。全て調べても1秒にも満たないのです。しかし町の数が50にもなると何年もかかり、100を超えると非現実的です。

最後に、現実の状況ではたいてい近似解でも十分役立つことが多く、本当に最良の解が必須ということはめったにありません。つまりはP問題、NP問題の知識は、問題に遭

遇したときに、その問題が手に負えない問題なのか、あるいは解けない問題なのかを判別するための指標の1つなのです。

■NP完全

P＝NP問題は1970年代には既に課題になっており、クラスPに属さないと思われる問題を具体的にリストアップする研究が行われていました。これは「**NP完全**」と呼ばれる概念の定義です。NP完全であるための定義は、

(1) その問題自身がクラスNPに属する
(2) クラスNPに属するほかの全ての問題が多項式時間内でその問題自体に変換することができる

というものです。言い換えると、ある問題Tがあったときに、クラスNPのほかの全ての問題がその問題Tに多項式時間内で変換できることが分かったとします。そして、さらにそのときTを解く決定性多項式時間アルゴリズムが求められた、つまりP問題であることが分かったとすれば、NP問題の全ての問題が決定性多項式時間アルゴリズムで解けること、つまり全てのNP問題はP問題になります。そうなると、P＝NPが証明できる。そういう問題TをNP完全問題と言います。言い方を変えると、その問題T自体はクラスNPに属しているものの、クラスPに入りそうもなく、その問題がクラスPに入ってしまったとしたらクラスNPに属する全ての問題が結局クラスPに入ってしまうと

いう特徴をもった、とても重要な問題です。

　Pに入りそうもないというのは、大勢の人が努力したがPで解けるようなアルゴリズムが見つからなかったということです。素因数分解の問題はギリシャ時代からずっと考えられてきている問題ですが、いまだに今日まで見つかっていないので、この問題に関してはおそらくクラスPに属するアルゴリズムは存在しないだろうと予想されている（証明はされていない）だけであり、もしかしたら多項式時間内で解けるアルゴリズムがあるかもしれないという可能性は否定できないのです。

### ■最初のNP完全問題

　NP完全問題の最初の例は、1970年にスティーブン・クックによって与えられました。クックは、チューリングの「計算できること、できないこと」の研究を発展させ、「コンピュータで効率よく解ける問題群」と「原理的には解けるが、実際問題として非常に時間がかかるため、ごく小規模な場合しかコンピュータが役に立たないような問題群」を分離することに成功しました。そしてNP完全問題の最初の例を与えました。

　この問題は、ある命題論理式があったときに、その式の値が真となるような変数の値の割り当て方を見つける問題です。一般に変数の値が$n$個あれば、考えられる組み合わせは$2^n$個あるので$n$が大きくなれば解を求めるのはそう簡単ではありません。クックはどんなNP完全問題もこの問題へ多項式時間で変換できることを示し、それによってこ

の問題がNP完全問題であることを証明しました。クックはこの成果によって1982年にチューリング賞を受賞しています。

NP完全問題としてよく知られているアルゴリズムには、「巡回セールスマン問題」や「ナップザック問題」、「一筆書き問題」（一般には「ハミルトン閉路の問題」と言われています）や「色塗り問題」（辺で結ばれている頂点同士が同じ色で塗られないようにして、各頂点を$n$種類以下の色で塗り分ける方法を見つける問題）、「時間割問題」（時間枠数、講義リスト、受講生リストが与えられたときに、学生が受講する講義がぶつからないように講義の時間割を組む問題）などが上げられます。

■NP困難

NP完全であるための定義のうち、187ページ(2)の「クラスNPに属するほかの全ての問題が多項式時間内でその問題自体に変換することができる」という条件は証明できても条件(1)「その問題自身がクラスNPに属する」という条件が証明できないとき、この問題は**NP困難**であると言います。NP困難問題は必ずしもクラスNPに属するとは限らないので、クラスNP完全はクラスNP困難に含まれるということが言えます。

■PやNPの記憶計算量

時間的な計算量が多項式で抑えられるクラスをPと言いました。同様に空間的計算量がPで抑えられるクラスを

PSpaceと表します。同様にNPに対する空間的計算量をNPSpaceと表すと、P、NP、PSpace、NPSpaceの関係については、

$$P \subseteq NP \subseteq PSpace = NPSpace$$

であることが分かっています。P、NP、PSpaceのどれとどれが一致して、どれとどれが一致しないのかは現在では分かっていません。PSpaceとNPSpaceは一致しているのでPSpaceが一般に使われます。

# 第7章
# コンピュータへの道のり

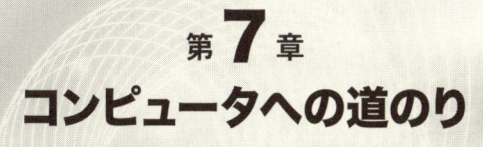

第5章までで述べてきた「コンピュータの計算」とはあくまでも理論上の「計算」でした。コンピュータを実現するためには、「物理的な機械としてのチューリング・マシン」を作らなくてはなりません。そのために、多くの天才たちのさらなる理論とアイディアがありました。

　本章では、そのコンピュータ実現までの道のりを、紹介したいと思います。

■チューリングの計算理論の復習（エッセンス）

　コンピュータは四則演算だけではなく、判断し、予測し、推論します。この理論上のコンピュータの計算を手順にしたものがアルゴリズムです。チューリング・マシンで記述できるものがアルゴリズムであることは第3章で紹介した通りです。計算できることとはチューリング・マシンで記述できることと定義されていたのでしたね。このアルゴリズムを記述したものがプログラムです。ここまではチューリングの計算理論で説明ができますが、実際にコンピュータでプログラムを実行するとはどういうことなのでしょうか？　開発したプログラムにしたがって、実際のコンピュータの中では何が行われているのでしょうか？　理論的なコンピュータにとっての計算をするために実際のコンピュータの中では何が起こっているのでしょうか？

■論理と計算をつなぐ理論――ブール代数

　チューリング・マシンを物理的に実現すれば、コンピュータになります。それでは、もう一度、チューリング・マ

## 第7章 コンピュータへの道のり

シンのアルゴリズムを見てみましょう。

　　　　状態1：_, P0, R, →状態2
　　　　状態2：_, P_, R, →状態3
　　　　状態3：_, P1, R, →状態4
　　　　状態4：_, P_, R, →状態1

　何度も出てきている、0と1を交互に書くアルゴリズムです。1行目は「状態1で、テープが空白だったら、0を印字して、ヘッドを右に動かし、状態2にする」というものでした。ここで注目して欲しいのは、「〜だったら、〜する」という部分です。このようなルールを数学では論理式と言います。この論理式を計算に置き換えて、機械的に処理できるようにしたのは、1854年、ジョージ・ブールによって提唱された「**ブール代数**」です。ブールはバベッジと同時代に生きたイギリスの数学者でした。

　ブール代数は0と1の2つの記号のみを使って演算を行い、その組み合わせだけで複雑な論理が組み立てられることが示されています。ブール代数によって、四則演算はもちろん、アルゴリズムを書くのに必要な全ての論理が、計算に変換され、機械的に計算できるようになったのです。しかし、ブールは完全に数学の論理計算の理論としてブール代数を作り上げたのであり、提唱の時点ではコンピュータとブール代数の関係性は全くありませんでした。

193

■天才シャノンのひらめき

　ブールが提唱したブール代数というのは、論理的な演算を行うための純粋に数学理論なのですが、これを実際の機械で行うことができれば、万能チューリング・マシン、つまりコンピュータが実現できるのです。そして「ブール代数」は「回路」を使えば実現できるという素晴らしいアイディアを思いついたのは、情報量を数学的に定義することで情報科学の基礎を築いたアメリカの天才クロード・シャノンでした。

　彼の修士論文「A Symbolic Analysis of Relay and Switching Circuits（リレーとスイッチ回路の記号論的解析）」は、全ての論理的な演算は、ブール代数の理論を用いて、単純な回路で表すことができるということを示しました。つまり現在のコンピュータは、あらゆるアルゴリズムはブール代数によって論理計算に変換され、回路によって機械的に計算されているのです。

　そうなると、コンピュータが論理を計算することができれば、回路を構成するものは何でもいいわけです。シャノンの時代はリレーという回路であり、それから真空管に置き換わりました。その後、今日のコンピュータを構成する回路素子として、圧倒的に信頼度の高いトランジスタに置き換わっていきます。

■ライプニッツの夢とブール代数

　数を表すために規則正しく文字を用いる方式——現代風の文字による記号表現の発明は、フランソワ・ヴィエト

(1540～1603) とルネ・デカルト (1596～1650) という2人のフランス人による成果です。記号表記方式を広く知らしめた最初の人物はデカルトで、あらゆる人間の思考のための記号表現を作り、真と偽に関する議論は計算で解決できるようにするというライプニッツの夢を触発したのです。

1679年、ライプニッツは2進計算によるディジタル・コンピュータを構想しました。デカルトの文字による記号表記について150年ほど研究がされ、その後、現代代数学という新しい代数学が生まれました。このような背景のもと、1854年、イギリスの数学者ジョージ・ブールは論理を、代数記号を使うことによって、数学の一部門に引き上げました。代数と論理を結びつけたのです。

そしてブール代数をコンピュータ実現のために利用することを思いついたのが、シャノンだったというわけです。

## ■そしてコンピュータが完成した

シャノンは、回路を用いればチューリング・マシンを実現できることを示しました。そして、電気回路を使って、実際のコンピュータを完成させたのが、数学者で物理学者でもあるハンガリー生まれの天才ジョン・フォン・ノイマン（正確に言えば、ノイマンを中心とする何人かのチーム：これらの歴史について詳しく知りたい人は参考文献を参照してください）でした。

ですから、コンピュータは1人の発明家の思いつきではなく、チューリングの計算理論、ブール代数、シャノンの

ブール代数と回路を結びつけるアイディア、そして、山と起こったであろう問題を全て解決して実現させたフォン・ノイマンと彼のチーム、このどれか1つでも欠けていたら、現代のコンピュータは実現できなかったでしょう。現在の形のコンピュータは、実現させたフォン・ノイマンの名前をとって「フォン・ノイマン型コンピュータ」と呼ばれています。

　もちろん、チューリング・マシンをフォン・ノイマン型コンピュータと異なった方法で実現することができれば、フォン・ノイマン型でないコンピュータを作ることができます。このようなコンピュータは「非フォン・ノイマン型コンピュータ」と呼ばれます。

■コンピュータはなぜ2進法を使うのか？

　現在のコンピュータでは、数値はもちろん、画像、音声、テキストなど全ての情報は0と1の列の形に変形され扱われます。なぜそうなったのでしょうか？

　私たちは10進法でものごとを考えますが、もしチューリング・マシンが0から9の数字を使うと仮定すると、読み込む文字のパターンが10通りになり、それぞれの場合のルールを書かなければならないでしょう。0と1の2つの記号を使うだけでも大変だったのに、それが10個の記号を使うとなると、ルール表が莫大になってしまいそうです。扱う記号は少ない方がいいですね。2進法を使うということは0と1のみを使うので、いろいろな処理を行うための変換に必要な規則の数を最小にすることができるため、処理

第7章　コンピュータへの道のり

と実用性の両面で他の表現よりも圧倒的に有利なのです。
　では、たった2つの記号を使って、どのようにテキストや画像を表現するのでしょうか。まずコンピュータの中でどのように数を表現しているのかについて見てみることにします。

■4枚のトランプ？　（2進法の仕組み）
　図のような4枚のカードを考えましょう。

片面だけに●が書かれてあり、カードはこの順番に並べる必要があります。それぞれのカードは、右のカードの倍の数になっていることが分かります。

何枚か●が見える状態にし、見えている●の数の合計を

197

考えます。いま見えているのは4と1ですから、合計で5になります。ここで、それぞれのカードについて、●が見えていないときは0、見えているときは1で表すことにします。そうすると、この図では、左から0、1、0、1のように読めます。これを0101（ゼロイチゼロイチ）と読むことにします。したがって、10進法の5は2進法では101（イチゼロイチと読みます）なのです。桁数を合わせるために一番左に0を加えて0101と表すこともあります。

　では上の図はどうでしょうか。見えているカードは1、2、4ですから合計が7になります。同様に、2進法では0111（ゼロイチイチイチ）と読むことができます。

　5と7が2進法で表せました。

　次に、カードを全部裏返すと、次の図のようになります。この状態は0000なので、0（ゼロ）です。

　これが2進法の仕組みです。

第7章　コンピュータへの道のり

　では、これら4枚のカードを使って表せるいちばん大きな数はなんでしょうか？

　全部見えている状態にすると1＋2＋4＋8＝15で、10進法の15です。これは2進法では1111と読みます。つまり、この4枚で0から15までの16通りの情報を表すことができるのです。

　コンピュータの内部では、このカード1枚当たり、高低2種類の電圧を1と0に対応させています。磁気ディスクなどではN極、S極を1と0に対応させて情報を記憶しています。CDで言えば音声の信号をピットのあり（1）なし（0）に対応させて情報を記録しています。0か1の2通りの情報を表すカード1枚に相当するものを「1bit（ビット）」と呼び、情報量の単位に使われています。

■2進法の足し算

　それでは、2進法の足し算を見てみましょう。

　1＋1＝2ですね。でもそれは10進法での足し算の結果です。しかしコンピュータは2進法で計算をしますから、ちょっと違います。10進法は0から9の数字を使うので、い

199

ちばん大きい9に0以外の何かを足すと、必ず繰り上がりが起こります。

同様に、2進法での繰り上がりを考えれば、0と1の数字を使うので、いちばん大きい1に0以外の何かを足すと繰り上がりが起こります。0以外の何かと言えば1しかないので、1に1を加えると繰り上がりが起こります。しかし、2進法で繰り上がりを起こすのは、このパターン以外にはありません。簡単ですね。1桁繰り上がりを起こし、その桁自身は0になるので、答えは10となります。これが10進法で言うところの2にあたります。

2進法の11+01をやってみます。10進法で言うところの3+1=4です。図7-1の通り、1の位の隣は2の位です。1の位から2の位に1繰り上がります。そして2の位の1

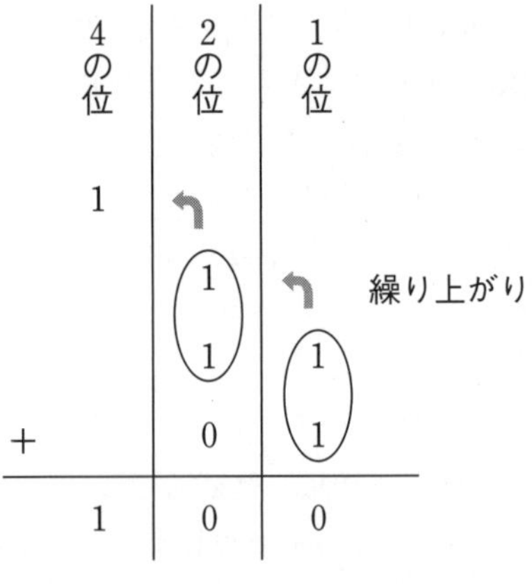

**図7-1　2進法の11+01**

と繰り上がりの1が加わり、さらに4の位に1繰り上がって100という結果が得られるわけです。

10進法の0から11を2進法で表すと、表のようになりますので、確かめてみてください。

| 10進法 | 0 | 1 | 2 | 3 | 4 | 5 |
| 2進法 | 0 | 01 | 10 | 11 | 100 | 101 |

| 10進法 | 6 | 7 | 8 | 9 | 10 | 11 |
| 2進法 | 110 | 111 | 1000 | 1001 | 1010 | 1011 |

■論理の演算

コンピュータの演算の種類には、上記のように加算を始めとする四則演算のほかに、「判断」や「予測」などアルゴリズムを実行するために必要な**論理演算**という演算があります。プログラム言語において、条件式などが真である（正しい）か偽である（正しくない）かを判断するために使われる演算です。

論理の演算？　そうです。論理を計算に置き換えて、計算で論理を進めていくのです。論理学で、ある命題の記述が「**真**（true）」か「**偽**（false）」かを示す値を、論理値とか真偽値と呼びます。コンピュータでは、真、偽をそれぞれ1、0に対応させた論理値を対象に演算を行い、1つの結果を出します。

■事実を表す命題

　論理演算は、ある「命題」に対して、その命題が真であるか偽であるかによって、真であれば1、偽であれば0という記号で表す論理学の考え方が元になっています。「命題」は文章と思ってください。

　例えば、「フランスの首都はパリである」という命題を$X$と表しましょう。命題$X$は（フランスの首都が移らない限り）真ですから、$X=1$と表記する、といったものです。なぜ、そんな論理が必要だったのでしょうか。次の表を見てください。

　$X$と$Y$はそれぞれが何かの「命題」になっています。$X$は「Eさんは帽子をかぶっている」、$Y$は「Eさんはピンクの洋服を着ている」という命題だとします。それぞれの命題が真であるとき$X$、$Y$の値は1、偽であれば$X$、$Y$の値は0ということです。事実を元に次に取るべき行動を決める判断をするような場合、$X$と$Y$の演算の結果によって、次に取るべき行動が決定できる、というものです。

| 論理式 | 事象（命題） |
| --- | --- |
| $X=1$ | Eさんは帽子をかぶっている |
| $X=0$ | Eさんは帽子をかぶっていない |
| $Y=1$ | Eさんはピンクの洋服を着ている |
| $Y=0$ | Eさんはピンクの洋服を着ていない |

　論理演算にはAND（論理積）、OR（論理和）、XOR（排他的論理和）、NOT（否定）の4種類の演算があります。

第7章　コンピュータへの道のり

少しややこしくなりますが、順番に紹介しましょう。丁寧に追っていけば、必ず分かります。論理演算は四則演算より簡単です。なんといっても繰り上がりがなく、演算の対象が1か0のいずれかであり、結果も1か0のいずれかです!!

■AND（論理積）

論理積を表すAND演算は、「0 AND 1」のように表記をします。ANDを「かつ」と訳せば分かりやすいでしょう。

0が偽、1が真の2つを対象にした演算の結果を示した表を、真理値表と呼びます。論理積の真理値表は以下の通りです。両方の条件を満たした場合、つまり$X$も$Y$も真のときのみ演算結果が1になり、それ以外は偽（0）を返します。私たちがおなじみの掛け算の結果$0×0=0$、$0×1=0$、$1×0=0$、$1×1=1$と同じ結果になります。

命題として考えると、Eさんが「帽子をかぶり：$X=1$」「ピンクの洋服を着ている：$Y=1$」場合のみは出力$X$ AND $Y$が1となり、それ以外の出力は0となります。

例えば、「Eさんが帽子をかぶっていて、ピンクの洋服を着ていれば、その日は絶対お出かけだと判断する」場合は、この論理積が1であれば、「お出かけ」と判断し、0の場合は「お出かけではない」と判断できます。

ほかにも、「室温が20℃以上かつ28℃未満のときにはエアコンのスイッチを切る」という処理をしたい場合には、次ページの右の表の通りに命題を定義しておけば、$X$ AND $Y$が1の時だけ「エアコンのスイッチを切る」操作を

| $X$ | $Y$ | $X$ AND $Y$ |
|---|---|---|
| 0 | 0 | 0 |
| 0 | 1 | 0 |
| 1 | 0 | 0 |
| 1 | 1 | 1 |

| 論理式 | 事象 |
|---|---|
| $X=1$ | 室温が20℃以上 |
| $X=0$ | 室温が20℃未満 |
| $Y=1$ | 室温が28℃未満 |
| $Y=0$ | 室温が28℃以上 |

行うというプログラムを書けばよいのです。

■OR（論理和）

論理和を表すOR演算は、「0 OR 1」のように表記をします。ORは「または」と訳せばよいのですが、日常使っている「または」とは異なり、論理和のまたは「両方とも真」の場合も含みます。

| $X$ | $Y$ | $X$ OR $Y$ |
|---|---|---|
| 0 | 0 | 0 |
| 0 | 1 | 1 |
| 1 | 0 | 1 |
| 1 | 1 | 1 |

| 論理式 | 事象 |
|---|---|
| $X=1$ | 年齢が80歳以上 |
| $X=0$ | 年齢が80歳未満 |
| $Y=1$ | 年齢が10歳未満 |
| $Y=0$ | 年齢が10歳以上 |

この演算は、表の通り2つの命題のどちらかが真（1）か、両方が共に真（1）であれば、出力として真（1）を返し、それ以外は偽（0）を返します。

Eさんが「帽子もかぶらず」「ピンクの洋服を着ていない」場合は出力が0となり、それ以外の出力は1となります。どちらかの条件を満たしていればよいのです。もちろ

ん、両方でも出力は1です。

ほかにも、「年齢が80歳以上か、あるいは10歳未満の人」を対象に入場料を10%割引にするという処理を行いたい場合の計算を考えてみます。表の通り$X$を「年齢が80歳以上である」、$Y$を「年齢が10歳未満である」と定義します。このとき、$X$ OR $Y$を計算した結果を考えてください。年齢が10歳未満かつ80歳以上という条件の人はいないので、$X=Y=1$となることはありませんが、論理和の計算結果が1となれば、きちんと「年齢が80歳以上か、あるいは10歳未満の人」を選別できていることが分かります。

■XOR（排他的論理和）

XORとは、eXclusive ORという言葉の略称です。排他的というのは、他を除外するという意味です。論理和ORに似ているけれど、他を除外するとはどういうことでしょうか？

| $X$ | $Y$ | $X$ OR $Y$ |
|---|---|---|
| 0 | 0 | 0 |
| 0 | 1 | 1 |
| 1 | 0 | 1 |
| 1 | 1 | 0 |

XOR演算の真理値表を見ると、$X$と$Y$の2つの値が異なるときに真（1）となります。これが排他的ということです。演算する値が同じなら（1と1、または0と0）、演

算結果は0になります。

XORの例を考えてみましょう。

ガレージのシャッターを想像してください。車がガレージから出るときに押す、内側の壁に付いているスイッチと、帰ってきたときに外側から押すリモコンスイッチがあります。どちらからでも、開けたり閉めたりできるように

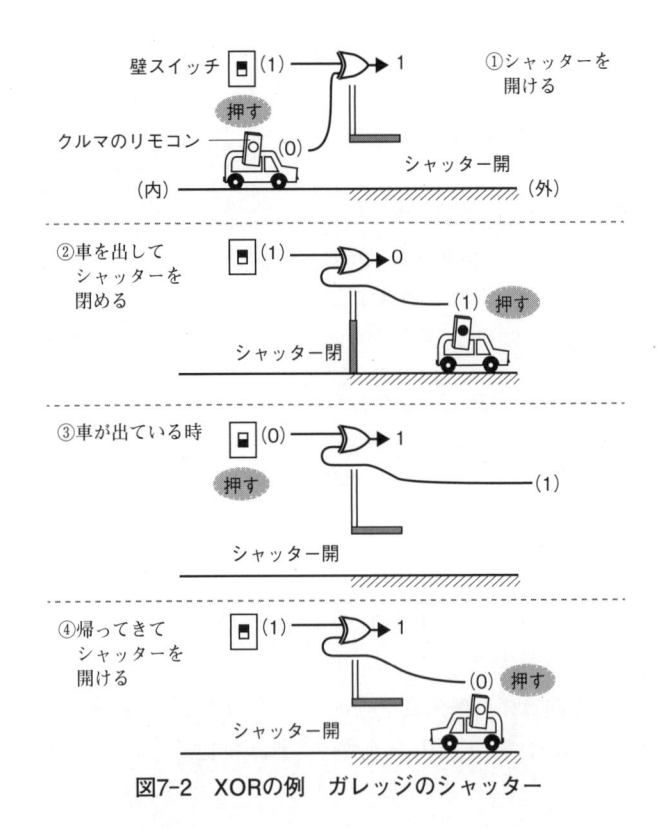

**図7-2 XORの例 ガレッジのシャッター**

したいですね。このような時に使えます。

スイッチは外側内側共に1つで、押すごとに1と0の状態を交互に繰り返します。こういうスイッチをトグルボタンと言うことがあります。外側からの入力と内側からの入力の双方とも同じ0か1ならば0、どちらか一方が1を入力すれば1が出力されます。1が出力されたときにシャッターが開く、0が出力されたときにシャッターが閉まるようにしておきます。図7-2を見ながら考えてみましょう。

■NOT（否定）

否定を表すNOT演算は、NOT $X$のように表記します。今までの3つの演算が2つの値を対象にしていたのに対し、この演算は1つの値に対して演算を行います。$X$が真（1）ならば偽（0）を返し、$X$が偽（0）ならば真（1）を返します。必ず演算対象と逆の結果を出します。例えば、

「入力があった場合に」計算を始める
「入力がない」間は待つ

という処理を行う場合、「入力がある」を$X=1$とすれば、「NOT $X$のとき（つまり$X=0$のとき）には待つ」という具合にプログラムを書くことができます。

■チューリング・マシンと論理回路

AND（論理積）、OR（論理和）、XOR（排他的論理和）、

NOT（否定）の4種類の論理演算の記号を使えば、全ての論理を演算で表すことが可能になります。したがって、コンピュータはこの4つの論理演算を物理的な電気回路で実現した論理回路を使って、計算できるように作られています。

　実現されたときに使われていたのは真空管やリレーといった大掛かりなものでした。現在のコンピュータを構成する電子回路は十数種類の基本部品から構成されていて、その中でもっとも重要なのは、1つ以上の入力から1つの出力を計算するこれらの論理回路です。回路は入力の電圧または電流によって制御され、出力の電圧ないし電流を生成します。万能チューリング・マシンは論理回路によって実現されたのです。

# あとがき

　2012年はチューリング生誕100年でした。イギリス、アメリカを始めとし、世界各国で、2012年だけでなく2013年にもいくつものイベントが行われました。生誕100年を記念してこのように祝われる理由の1つは、チューリングがコンピュータの計算理論の基礎を提唱したこと、そしてどんなに情報技術やコンピュータ自身が発展してもその基礎理論が普遍であることです。2012年は前作『シャノンの情報理論入門』、2013年には本書を執筆しましたが、このような時期に、コンピュータを支える2つの基礎理論の執筆に携わることができたことは、情報科学と計算機科学を専門とする私にとって本当に幸せなことです。

　チューリングはチューリング・マシンというものを考案し、コンピュータに計算できないことがあることを示したわけですが、それ以外にも人工知能の基礎をはじめとする多くの予見や提案をしていました。チューリング・テストという言葉を聞いたことのある人もいるかもしれませんが、それは人工知能の基準となっているのです。

　チューリングが考えたことの多くが、今でもまだ課題として残されています。計算機科学のノーベル賞である賞にチューリングの名前がつけられていることを考えても、チ

ューリングの功績は特別貴重なものであったことが分かります。

そういうわけで、コンピュータを専攻する学生にはチューリングの名前は知っておいてもらいたいと思います。

今回執筆するにあたり、参考文献で示した通り、数多くのチューリングの伝記やチューリング・マシンに関する文献を読みました。特に印象に残ったのはチューリングの母親が書いた伝記です。彼女は専門的な理論はよく理解していなかったかもしれませんが、彼女の文才というのでしょうか、とても面白く、引き込まれるようにあっという間に読み進めることができました。チューリングが三等席で留学先のアメリカに渡った話や、マラソンランナーとしてもプロ級の力を持っていた話など親しみやすい人柄にも惹かれました。

また、万能チューリング・マシンに必要な骨組み表を全て使って、チューリングが考えた「紙と鉛筆」を使った計算を実際に行って、万能チューリング・マシンをシミュレーションしてみました。時間はかかりますが長い数式を導いたときのようなすっきり感（？）のようなものを味わうことができました。大学院の私の授業でも、万能チューリング・マシンのシミュレーションを紙と鉛筆でやってもらっています。

チューリング・マシンや万能チューリング・マシンの動きを面白く、分かりやすく説明するにはどうしたらいいか、かなり悩みました。エディタの梓沢さんにもいろいろアドバイスをいただきながら、現在の形となりました。コ

あとがき

ンピュータの計算というのが実はこのような理論に基づいているということを少しでも分かっていただければ嬉しいです。

最後に、前作『シャノンの情報理論入門』に引き続き、本書を執筆する機会を与えてくださり、チューリング・マシンやコンピュータの万能性という理論の複雑さをなんとか読者に伝えられるようにと数々のアドバイスをくださった講談社の梓沢修様、その他、私を支えてくださった多くの方々に感謝申し上げます。

# 付録

■長い整数が出てくるからくり

第3章(98ページ)で説明したチューリング・マシンの表記法の

　　　　　①状態名
　　　　　②ヘッドが読み取る文字
　　　　　③ヘッドが書き込む文字
　　　　　④ヘッドの移動先
　　　　　⑤次の状態

という5つの要素を、以下の手順に従って記号化します。

①現在の状態は$q_1$, $q_2$, $q_3$, …のように表します。

②ヘッドが読み取る文字は、チューリング・マシンの扱う文字(「アルファベット」と言われていて、実は厳密な定義があるのですが、ここでは0や1、英語のアルファベット、空白などを想像してください)を意味しています。$S_0$は空白、$S_1$は0、$S_2$は1、$S_3$はə、$S_4$は$x$を表すことにします。

③ヘッドが書き込む新しい文字は、②の表記法に従います。

④ヘッドの移動は、右はR、左はL、不動はNです。

212

⑤次の状態は、①の表記法に従います。

すると、第3章で紹介した0と1を1マス置きに印字する機械

　　　　状態1：_，P0，R，→状態2
　　　　状態2：_，P_，R，→状態3
　　　　状態3：_，P1，R，→状態4
　　　　状態4：_，P_，R，→状態1

は、以下のように表すことができます。

　　　　($q_1$, $S_0$, $S_1$, R, $q_2$)
　　　　($q_2$, $S_0$, $S_0$, R, $q_3$)
　　　　($q_3$, $S_0$, $S_2$, R, $q_4$)
　　　　($q_4$, $S_0$, $S_0$, R, $q_1$)

　次に、この5つの要素の表記を、以下のルールに従って、さらにA，C，D，L，R，N，；という7種類の記号に置き換えます。セミコロンは5つの要素を表す記号の区切りを示します。

①現在の状態$q_i$を示すために、Dの後ろにAを$i$回繰り返すことにします。状態$q_1$はDA、状態$q_2$はDAA、状態$q_3$はDAAA、…といった具合です。
②ヘッドが読み取る文字$S_j$を示すには、Dの後ろにC

213

を$j$回繰り返して与えます。$S_0$は空白、$S_1$は0、$S_2$は1でしたから、$S_0$はD、$S_1$はDC、$S_2$はDCC、…となります。

③ヘッドが書き込む新しい文字は、②の表記法に従います。

④ヘッドの移動は、右はR、左はL、不動はNで、はそのままです。

⑤次の状態は、①の表記法に従います。

そうすると、上の4行は、

> DADDCRDAA
> DAADDRDAAA
> DAAADDCCRDAAAA
> DAAAADDRDA

と表され、それぞれを：で区切り1行に書くと

> DADDCRDAA：DAADDRDAAA：DAAADDCCRDAAAA：DAAAADDRDA

となります。

最後に、A＝1、C＝2、D＝3、L＝4、R＝5、N＝6、；＝7に置き換えると、

3133253117311335311173111332253111173111133531

という数に変換することができます！

　並び順で実行が行われるわけではないので、順序を入れ替えても計算内容に変更はなく、行を入れ替えて、

311133225311173113353111731111335317313325311

という数も、同じ０と１を交互に印字するチューリング・マシンを表しています。

# 参考図書

◆計算について
『計算事始め』川合慧他、放送大学教育振興会
『情報科学の基礎』川合慧他、放送大学教育振興会

◆コンピュータの歴史について
『チューリングの大聖堂』ジョージ・ダイソン著、吉田三知代訳、早川書房
『チューリングを読む』チャールズ・ペゾルド著、井田哲雄ほか訳、日経BP社
『情報時代の見えないヒーロー[ノーバート・ウィーナー伝]』フロー・コンウェイ、ジム・シーゲルマン著、松浦俊輔訳、日経BP社
『誰がどうやってコンピュータを創ったのか？』星野力、共立出版
『コンピュータの英雄たち』ロバート・スレイター著、馬上康成・木元俊宏共訳、朝日新聞社
『フォン・ノイマンの生涯』ノーマン・マクレイ著、渡辺正ほか訳、朝日新聞社
『コンピュータ200年史』M.キャンベル・ケリー、W.アスプレイ著、山本菊男訳、海文堂
『計算機歴史物語』内山昭、岩波書店
『バベッジのコンピュータ』新戸雅章、筑摩書房
『計算機の歴史』ハーマン・ゴールドスタイン著、末包良太ほか訳、共立出版

◆オートマトンについて
『オートマトンの理論』小林孝次郎、高橋正子、共立出版
『チューリングオムニバス第3巻 機械と言語』A.K.デュード

ニー著、足立暁生訳、東京電機大学出版局
『計算論への入門』エフィーム・キンバー、カール・スミス著、筧捷彦監修、杉原崇憲訳、ピアソン・エデュケーション
『基礎情報科学』川合慧、萩谷昌己著、放送大学教育振興会
『オートマトン言語理論　計算論Ⅰ、Ⅱ（第2版）』J.E.ホップクロフト、R.モトワニ、J.D.ウルマン著、野崎昭弘ほか訳、サイエンス社
『応用オートマトン工学』西野哲朗、若月光夫、後藤隆彰、コロナ社
『オートマトンの理論』小林孝次郎、高橋正子、共立出版

◆オートマトンと現実の機械との具体的な関係（回路の設計と解析）について
『スイッチング理論』野崎昭弘、共立出版、1979

◆チューリングやチューリング・マシンについて
『チューリングを読む』チャールズ・ペゾルド著、井田哲雄ほか訳、日経BP社
『チューリングの大聖堂』ジョージ・ダイソン著、吉田三知代訳、早川書房
『チューリングマシンと計算量の理論』守屋悦朗、培風館
『アラン・チューリング伝』サラ・チューリング著、渡辺茂・丹羽冨士男共訳、講談社
『人間＝コンピュータ＝人工知能』野崎昭弘著、サイエンス社
『コンピュータの英雄たち』ロバート・スレイター著、馬上康成、木元俊宏共訳、朝日新聞社
『情報科学の基礎』川合慧ほか、放送大学教育振興会
『計算論への入門』エフィーム・キンバー、カール・スミス著、筧捷彦監修、杉原崇憲共訳、ピアソン・エデュケーション
『基礎情報科学』川合慧、萩谷昌己共著、放送大学教育振興会
『オートマトン言語理論計算論Ⅰ、Ⅱ』J.ホップクロフトほか

著、野崎昭弘ほか訳、サイエンス社
『チューリングオムニバス第2巻、第3巻』A.K.デュードニー著、足立暁生訳、東京電気大学出版局
『甦るチューリング』星野力、NTT出版

◆計算量について
『チューリングマシンと計算量の理論』守屋悦朗、培風館
『情報科学の基礎』川合慧ほか、放送大学教育振興会
『計算論』高橋正子、近代科学社
『チューリングオムニバス第2巻』A.K.デュードニー著、足立暁生訳、東京電気大学出版局
『ディジタル作法』Brian W. Kernighan著、久野靖訳、オーム社

◆ブール代数、論理回路について
『代数に惹かれた数学者たち』ジョン・ダービーシャ著、松浦俊輔訳、日経BP社
『ミニコンピュータシステム入門（PDP-11）下』R.H.エックハウス, Jr., L.R.モリス著、中西正和訳、培風館

## さくいん

### 【数字】

| | |
|---|---|
| 10進法 | 14, 196 |
| 2000年当時の世界の7大数学問題 | 182 |
| 23題の未解決問題 | 58 |
| 2進法 | 53, 196 |

### 【アルファベット】

| | |
|---|---|
| AND | 202 |
| NOT | 202 |
| NP完全 | 187 |
| NP問題 | 176, 180 |
| OR | 202 |
| P = NP問題 | 181, 187 |
| P問題 | 171 |
| XOR | 202 |

### 【ギリシア文字】

| | |
|---|---|
| λ計算 | 141 |
| λ定義可能関数 | 55 |

### 【あ行】

| | |
|---|---|
| アナログ計算機 | 39 |
| 余り | 19 |
| アラビア数字 | 13 |
| アルゴリズム | 34, 59, 66, 73, 93, 121 |
| アル＝フワーリズミー | 54 |
| アルマゲスト | 42 |
| 暗号 | 70 |
| 暗号化手法 | 184 |
| 色塗り問題 | 189 |
| 陰陽 | 53 |
| ヴィエト | 194 |
| 嘘つきのパラドックス | 109 |
| 演算カード | 51 |
| オーダー | 160 |
| おつりの計算 | 19 |
| オートマトン | 63, 66, 69 |

### 【か行】

| | |
|---|---|
| 階差機関 | 48 |
| 解析機関 | 48, 51 |
| 回路 | 194 |
| 掛け算 | 18 |
| 画像圧縮 | 70 |
| 関数 | 136 |
| 偽 | 201 |
| 記憶計算量 | 168 |
| 記憶部 | 51 |
| 機械学習 | 70 |
| 機械式計算機 | 43 |
| 機械的な手順 | 58, 73 |

219

| | |
|---|---|
| 帰納的関数 | 55, 142 |
| 位取り記法 | 14 |
| クラスNP | 176 |
| クラスP | 171, 175 |
| 繰り返し | 21, 23, 38, 140 |
| クリーネ | 142 |
| 計算 | 10, 24, 30, 53, 59, 70, 147 |
| 計算可能 | 106 |
| 計算可能関数 | 55 |
| 計算可能な数 | 95 |
| 計算尺 | 40 |
| 計算できない | 99, 101 |
| 計算できる | 94, 98, 101 |
| 計算手順 | 51 |
| 計算不能 | 106 |
| 計算モデル | 151 |
| 計算量 | 151 |
| 計算量の理論 | 169 |
| 計算理論 | 52 |
| 決定性アルゴリズム | 172, 177 |
| 決定性オートマトン | 178 |
| 決定性チューリング・マシン | 178 |
| 決定問題 | 58 |
| ゲーデル | 115 |
| ゲーデル数 | 115 |
| 検索 | 158 |
| 検索エンジン | 70 |
| 公開鍵暗号方式 | 184 |
| コンピュータ | 103 |
| コンピュータの計算可能性 | 33 |

## 【さ行】

| | |
|---|---|
| 最悪の場合 | 166, 186 |
| 再帰的関数 | 143 |
| 最良の道順 | 176 |
| 作業部 | 51 |
| サンタクロースの汚れた靴下 | 151 |
| 時間計算量 | 158, 160 |
| 時間割問題 | 189 |
| 刺激 | 37, 61, 74 |
| 指示書 | 34 |
| 自動計算機 | 71 |
| シャノン | 194 |
| 終着点 | 34 |
| 出力 | 74 |
| 巡回セールスマン問題 | 180, 189 |
| 順次 | 23, 38 |
| 順番 | 23, 38 |
| 条件分岐 | 132, 140 |
| 状態 | 24, 37, 61, 63, 65, 70, 74, 78, 147 |
| 状態遷移 | 63 |
| 状態遷移図 | 63 |
| 情報時代の父 | 53 |
| 初期状態 | 63 |
| 真 | 201 |
| 真偽値 | 201 |
| 人工知能 | 32 |
| 数 | 10 |
| 数表 | 41 |
| ゼロ | 13 |
| 素因数分解 | 171, 182 |

さくいん

| | |
|---|---|
| ソフトウェア | 70 |

**【た行】**

| | |
|---|---|
| 多項式オーダー | 163,169 |
| 多項式時間計算可能なクラス | |
| 170 | |
| 足し算 | 15 |
| 単能チューリング・マシン | 103 |
| チャーチ | 73 |
| チャーチ＝チューリングの提唱 | |
| 93,141 | |
| チューリング・マシン | 55,59, |
| 71,93 | |
| 次の状態 | 79 |
| 停止性判定チューリング・マシン | |
| | 110 |
| ディジタル計算機 | 39 |
| 停止判定問題 | 113 |
| デカルト | 195 |
| 手順 | 21,34 |
| テープ | 74,75 |
| 電子回路 | 208 |

**【な行】**

| | |
|---|---|
| ナップザック問題 | 189 |
| ならば | 21,23,38 |
| 入力 | 64,74 |
| ネピア | 42 |

**【は行】**

| | |
|---|---|
| 排他的論理和 | 202,205 |
| パスカリーヌ | 43 |
| パスカル | 42 |

| | |
|---|---|
| バベッジ | 47 |
| ハミルトン閉路の問題 | 189 |
| 判断 | 26,30,70,201 |
| 万能性 | 118 |
| 万能チューリング・マシン | |
| 103,120,129 | |
| 反復 | 23,38 |
| 汎用計算機 | 51 |
| 引き算 | 17 |
| 引数 | 138 |
| 非決定性アルゴリズム | 172,177 |
| 非決定性オートマトン | 178 |
| 非決定性チューリング・マシン | |
| 178 | |
| 否定 | 202,207 |
| 一筆書き問題 | 189 |
| 微分解析機 | 40 |
| ヒルベルトのプログラム | 55 |
| フォン・ノイマン | 195 |
| フォン・ノイマン型コンピュータ | |
| | 196 |
| 不完全性定理 | 55,115 |
| 普遍言語 | 53 |
| ブール代数 | 193 |
| プログラム | 70,121,129 |
| プログラム内蔵方式RAM | 143 |
| 分岐 | 23,38 |
| ベーコン | 53 |
| 変数 | 131 |
| 変数カード | 51 |
| ポスト正規システム | 55 |
| 骨組み表 | 136 |

## 【ま行】

| | |
|---|---|
| マルコフアルゴリズム | 143 |
| 未決着状態 | 65 |
| ミル | 51 |
| 無限小数 | 95 |
| 命題 | 202 |
| 命令 | 51 |
| 物真似 | 118 |

## 【や行】

| | |
|---|---|
| 有限の手段 | 94 |
| 良いアルゴリズム | 163 |
| 予測 | 26, 30, 201 |

## 【ら行】

| | |
|---|---|
| ライプニッツ | 45, 52, 195 |
| ランダムアクセスマシン | 143 |
| ルール表 | 75 |
| ローマ数字 | 12 |
| 論理演算 | 201 |
| 論理回路 | 208 |
| 論理積 | 202, 203 |
| 論理値 | 201 |
| 論理和 | 202, 204 |

## 【わ行】

| | |
|---|---|
| 割り算 | 19 |
| 悪いアルゴリズム | 166 |

N.D.C.007.1　　222p　　18cm

ブルーバックス　B-1851

# チューリングの計算理論入門
けいさんりろんにゅうもん

チューリング・マシンからコンピュータへ

2014年2月20日　第1刷発行

| 著者 | 高岡詠子 (たかおかえいこ) |
|---|---|
| 発行者 | 鈴木　哲 |
| 発行所 | 株式会社講談社 |
| | 〒112-8001 東京都文京区音羽2-12-21 |
| 電話 | 出版部　　03-5395-3524 |
| | 販売部　　03-5395-5817 |
| | 業務部　　03-5395-3615 |
| 印刷所 | (本文印刷) 慶昌堂印刷株式会社 |
| | (カバー表紙印刷) 信毎書籍印刷株式会社 |
| 製本所 | 株式会社国宝社 |

定価はカバーに表示してあります。
© 高岡詠子 2014, Printed in Japan
落丁本・乱丁本は購入書店名を明記のうえ、小社業務部宛にお送りください。送料小社負担にてお取替えします。なお、この本についてのお問い合わせは、ブルーバックス出版部宛にお願いいたします。
本書のコピー、スキャン、デジタル化等の無断複製は著作権法上での例外を除き禁じられています。本書を代行業者等の第三者に依頼してスキャンやデジタル化することはたとえ個人や家庭内の利用でも著作権法違反です。
Ⓡ〈日本複製権センター委託出版物〉複写を希望される場合は、日本複製権センター (電話03-3401-2382) にご連絡ください。

ISBN978-4-06-257851-6

## 発刊のことば

## 科学をあなたのポケットに

二十世紀最大の特色は、それが科学時代であるということです。科学は日に日に進歩を続け、止まるところを知りません。ひと昔前の夢物語もどんどん現実化しており、今やわれわれの生活のすべてが、科学によってゆり動かされているといっても過言ではないでしょう。

そのような背景を考えれば、学者や学生はもちろん、産業人も、セールスマンも、ジャーナリストも、家庭の主婦も、みんなが科学を知らなければ、時代の流れに逆らうことになるでしょう。ブルーバックス発刊の意義と必然性はそこにあります。このシリーズは、読む人に科学的に物を考える習慣と、科学的に物を見る目を養っていただくことを最大の目標にしています。そのためには、単に原理や法則の解説に終始するのではなくて、政治や経済など、社会科学や人文科学にも関連させて、広い視野から問題を追究していきます。科学はむずかしいという先入観を改める表現と構成、それも類書にないブルーバックスの特色であると信じます。

一九六三年九月

野間省一